图们江源头区域景观

照片提供者：马燕娥、代海涛

■ 图们江峡谷

■ 图们江源头

■ 图们江特色地貌

■ 天女浴躬池

综合科学考察与生物多样性研究

■湿地景观

■火山灰地貌

■森林沼泽

■圆池

综合科学考察与生物多样性研究

■塔头沼泽湿地

■高山花园

■延边朝鲜族自治州州花"金达莱"

■ 图们江彼岸朝鲜茂山郡风光

■ 远眺长白山

■ 中朝边境彩虹桥

■金日成渡江处

■图们江边朝鲜族学校

■边境白桦林

■图们江冰雪消融

■图们江源头三角界碑

图们江源头区域植物

照片提供者：李学东

■ 人参 *Pinus ginseng*

■ 东北对开蕨 *Phyllitis japonica*

■ 刺五加 *Acanthopanax senticosus*

■ 长白松 *Pinus sylvestris*

■ 红松 *Pinus koraiensis*

■ 朝鲜崖柏 *Thuja koraiensis*

■山楂海棠 *Malus komarovii*

■关木通 *Aristolochia manshuriensis*

■野大豆 *Glycine soja*

■北重楼 *Paris verticillata*

■东北天南星 *Arisaema amurense*

■黄耆 *Astragalus membranaceus*

■ 垂花百合 *Lilium cernuum*

■ 五味子 *Schisandra chinenisis*

■ 布袋兰 *Calypso bulbosa*

■ 大花杓兰 *Cypripedium macranthum*

■ 杓兰 *Cypripedium calceolus*

■ 密花舌唇兰 *Platanthera hologlottis*

■ 十字兰 *Habenaria sagittifera*

■ 羊耳蒜 *Liparis japonica*

■ 大二叶兰 *Listera major*

■ 山兰 *Oreorchis patens*

■ 小燕巢兰 *Neottia asiatica*

■ 大燕巢兰 *Neottia Platanthera*

■ 大叶长距兰 *Platanthera Freynii*

■ 绶草 *Spiranthes sinensis*

■ 草芍药 *Paeonia obovata*

■ 芍药 *Paeonia lactiflora*

■ 玫瑰 *Rosa rugosa*

■ 东北茶藨子 *Ribes mandshuricum*

■ 水曲柳 *Fraxinuus mandshurica*

■ 黄檗 *Phellodendron amurense*

■ 天麻 *Gastrodia G.elata*

■ 胡桃楸 *Juglans mandshurica*

■ 天女木兰 *Magnolia sieboldi*

■ 手掌参 *Gymnadenia conopsea*

■ 紫椴 *Tilia amurensis*

■青蒿 *Artemisia annua*

■穿龙薯蓣 *Dioscorea nipponica*

■东北红豆杉 *Taxus cuspidate*

■东北红豆杉围径410cm

■东北红豆杉GPS定位
N 42°24′9.178″，E 128°35′15.859″，海拔924.42m

图们江源头区域动物

大鵟照片提供者：张永；其他照片提供者：李晓京

■ 东北雨蛙 *Hyla japonica*

■ 东方铃蟾 *Bombina orientalis*

■ 乌苏里蝮 *Gloydius ussuriensis*

■ 长尾林鸮 *Strix uralensis*

■ 大鵟 *Buteo hemilasius*

■ 红尾伯劳 *Lanius cristatus*

■ 北红尾鸲 *Phoenicurus auroreus*

■ 灰鹡鸰 *Motacilla cinerea*

■ 白鹡鸰 *Motacill alba*

■ 红隼 *Falco tinnunculus*

■ 花尾榛鸡 *Tetrastes bonasia*

■ 环颈雉 *Phasianus colchicus*

■ 黑喉石即 *Saxicola torquata*

■ 矶鹬 *Actitis hypoleucos*

■ 鸳鸯 *Aix galericulata*

■ 珠颈斑鸠 *Streptopelia chinensis*

■ 狍子(红外触发相机拍摄) *Capreolus pygargus*

■ 黑熊 *Ursus thibetanus* 脚印

■ 黑熊 *Ursus thibetanus* 爬树爪印

图们江源头区域大型真菌

照片提供者：李学东

■鳞柄白鹅膏菌（有毒）*Amanita virosa*

■尖顶地星 *Geastrum triplex*

■虎皮乳牛肝菌 *Suillus pictus*

■猴头 *Hericium erinaceus*

■小黄丝盖伞 *Inocybe auricoma*

■黄褐鳞伞 *Pholiota spumosa*

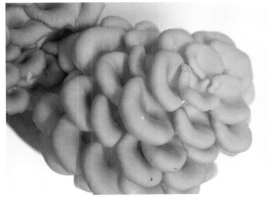

■金顶侧耳 *Pleurotus scitrinopileatus*

■橘黄裸伞（有毒）*Gymnopilus spectabilis*

■ 树舌灵芝 *Ganoderma applanatum*

■ 梨形马勃 *Geastrum pyriforme*

■ 毛木耳 *Auricularia polytricha*

■ 网纹马勃 *Lycoperdon perlatum*

■ 米黄丝膜菌 *Cortinarius multiformis*

■ 羊肚菌 *Morchella esculenta*

■ 云芝栓孔菌 *Trametes versicolor*

■ 红缘拟层孔菌 *Fomitopsis pinicola*

图们江源综合科学考察与生物多样性研究

马燕娥　主编

中国林业出版社

图书在版编目（CIP）数据

图们江源综合科学考察与生物多样性研究 / 马燕娥主编. —北京：中国林业出版社，2014. 11

ISBN 978-7-5038-7716-2

Ⅰ. ①图… Ⅱ. ①马… Ⅲ. ①图们江 – 河源 – 科学考察 ②图们江 – 河源 – 生物多样性 – 研究 Ⅳ. ①TV882. 834 ②Q16

中国版本图书馆 CIP 数据核字（2014）第 252205 号

中国林业出版社·生态保护出版中心

责任编辑：田　红

出　　版：中国林业出版社（100009 北京西城刘海胡同 7 号）

网　　址：http：//lycb. forestry. gov. cn　　　电话：（010）83225764

印　　刷：北京中科印刷有限公司

版　　次：2014 年 11 月第 1 版

印　　次：2014 年 11 月第 1 次

开　　本：889mm×1194mm　1/16

字　　数：360 千字

印　　张：11. 25

定　　价：50. 00 元

编写人员名单

《图们江源综合科学考察与生物多样性研究》

主　编　马燕娥

副主编　杨开良　张则路

编委会成员（按姓氏笔画排序）

丁　敏　　于　进　　王　林　　王滕俊　　韦雪花

代海涛　　申飞鹤　　刘　宪　　刘褆祺　　宋　乔

李东枚　　李学东　　李树滨　　李晓京　　杜　婧

赵　勇　　赵玉泽　　赵经隆　　徐基良　　栗晓禹

高梓洋　　曹　忠

序

FOREWORD

为了合理保护人类赖以生存的自然资源与环境，我国已经建立了各种类型的自然保护区、湿地公园、森林公园。党的十八大报告把生态文明建设摆在总体布局的高度来论述，提出建设美丽中国。在这样背景下，进行图们江源综合科学考察与生物多样性研究意义十分重大。

图们江源头，地处东北亚的中央部位，因其地处长白山高地，形成了山地冷凉湿润气候区，是具有代表性的中纬度中温带季风半湿润气候区，其多样化的生境类型对物种的生存和发展具有十分重要的作用。

图们江源综合科学考察与生物多样性研究，详细阐述了图们江源头独特的地域特点，即长白山东麓——中朝边境线——中朝界江图们江的源头——典型的火山地貌景观；反映了图们江源的民族特点，即中国吉林延边朝鲜族自治州朝鲜族——邻江朝鲜人民共和国朝鲜族共存的自然环境；调查方式特点，即实地考察、科学研究——样地选择、每木调查记录——远红外线布设、监控；东北虎潜在的分布区特点，即与相邻的汪清、黄泥河、珲春等保护区和俄罗斯远东地区一起构成了东北虎自然保护区网络。研究这块林区的森林结构、功能、演替规律、生态环境特征，摸清动植物等自然资源本底，对于研究东北亚野生东北虎保护，探索人与自然协调的人类聚居环境，促进生态文明建设具有巨大的参考价值。

该书的出版，对图们江源头的保护与合理开发利用有重要指导意义；对今后自然保护区开展科学考察活动也有一定的参考价值。同时，也会进一步提升我国北方林区在东北亚区域生态保护与研究中的战略地位。

我衷心希望图们江源综合科学考察与生物多样性研究，能推动和龙林业局保护事业和生态环境建设事业的进一步发展，为更好地保护和改良东北亚地区的生态环境，为建设美丽中国做出更大贡献。

2014 年 10 月

　　对于图们江源头的考察，源于吉林省和龙林业局最初准备申请建立图们江源自然保护区的想法。随着实地调查的推进和资料收集整理的不断完善，发现本地区有大面积森林沼泽湿地景观，同时很多沟谷沼泽湿地被改造成人工林。最终确定申报建立国家湿地公园。考察为申报提供了翔实的基础资料。在这里呈献给大家的图们江源综合科学考察与生物多样性研究仍然沿用了最初准备申报自然保护区的科考报告的四至边界范围。

　　图们江源头位于吉林省延边朝鲜族自治州西南部、长白山东麓、中朝界江图们江上游北岸、吉林省和龙林业局管理范围内。地势西高东低，周围山峰多在海拔1000m以上，山顶较平，多为桌状山。发源于赤峰山下的图们江，流经和龙林业局广坪林场，深切于玄武熔岩之中，形成了壮观的玄武岩深切峡谷和岩槽。青山绿水，尽显图们江源头自然优美的景观。

　　图们江源地理位置介于东经128.451°～128.837°，北纬41.999°～42.154°。地质地貌古老，处于欧亚大陆边缘，濒临太平洋的强烈褶皱带，有典型的火山地貌景观。周围温带森林生态系统分布有众多珍稀野生动植物。建立自然保护区、森林公园、湿地公园，都将对长白山森林生态系统保护、对图们江源头保护起到极其重要的作用。其与相邻的汪清、黄泥河、珲春等自然保护区一起构成了东北虎自然保护区网络，在保护东北虎及其栖息地方面发挥着"生态廊道"作用。

　　图们江源头所在的和龙林业局广坪林场为本次外业调查的主要范围，总面积23856hm²。受吉林省和龙林业局委托，国家林业局调查规划设计院组织由首都师范大学、北京林业大学有关专家、教授及相关专业博士、硕士组成的科学考察队，历时2012年春夏秋三季，并与当地林业工作者合作，对图们江源头所在区域物种区系组成和分布情况进行了认真调查、总结，对源头周围按边界、按大小沟系和山脊设样进行全面的综合科学考察。根据所获资料，编撰完成《图们江源综合科学考察与生物多样性研究》一书。内容涉及图们江源头区域地质地貌、气候、水文、土壤、植被与植物资源、大型真菌资源、动物和鸟类资源、旅游资源等方面，突显了地域特点、民族特点。

在此书出版之际，谨向支持、关心和帮助本研究项目的单位和个人，及参加项目研究付出艰辛劳动的研究人员、专家、后勤保障工作者致以衷心的感谢。

由于撰稿人多，时间仓促，加之研究的深度不够、角度不同、广度不够，疏漏和不足之处难免，希望读者批评指正。

编著者
2014 年 10 月

目 录

CONTENTS

图们江源综合科学考察与生物多样性研究

第一篇

基本概况与自然环境

第 1 章

总　论

对于图们江源头的考察，源于吉林省和龙林业局最初准备申请建立图们江源自然保护区的想法，随着实地调查的推进和资料收集整理的不断完善，尤其是当看到有大面积森林沼泽湿地景观且很多沟谷沼泽湿地被改造成人工林的时候，最终确定申报建立国家湿地公园。对于图们江源头区域的确定，在这里仍然沿用了最初准备申报自然保护区的科考调查的四至边界范围（简称图们江源头区域）。

1.1　自然地理

1.1.1　地理位置

图们江源地处吉林省延边林业集团和龙林业局广坪林场。和龙林业局位于吉林省延边朝鲜族自治州西南部、长白山东麓、中朝界江图们江上游北岸。东与龙井市为邻，南与朝鲜民主主义人民共和国咸境北道、两江道隔图们江相依，西与安图县相接。地理坐标为东经 128.451°～128.837°，北纬 41.999°～42.154°，总面积 23856hm²，林地经营管理权为国有，行政区域由和龙市管辖。

1.1.2　地质地貌

图们江源头区域以中山、低山和高平原为主，为阴山东西向复杂构造带和长白山新华夏隆起带的交接部位，地势西高东低。

1.1.3　气候

本区年平均气温 4.8℃，年平均最高气温 11.5℃，年平均最低气温 1.1℃，全年日照时间 1950 小时，年积温 2500℃。封冻日期 195 天，土壤最大冻深 2m。年平均降水量 517.6mm，平均年水雨蒸发量 1000mm。

1.1.4　水文

区域内主要河流为图们江，其一级支流为红旗河。区内河流穿行于幽深的峡谷中，汇集高山径流，水量充沛，水量丰枯变化小。

1.1.5　土壤

本区地形比较复杂，受地形、生物、母质、气候、时间五大成土因素的综合作用影响，保护区形成了 5 个土壤类型，地带性土壤为暗棕壤。

1.2　自然资源

图们江源区域，地形起伏，生境多样，植被类型丰富。区域内有苔藓植物 58 科 133 属 241 种（亚种、变种和变型）；常见蕨类 21 科 41 属 81 种；种子植物 111 科 492 属 962 种（亚种、变种和变型）；大型真菌 56 科 140 属 310 种；在维管植物中，共有珍稀濒危野生植物 58 种，其中被国家重点保护野生植物名录（第一批）收录的有 10 种（Ⅰ级 2 种，Ⅱ级 8 种）；被国家重点保护野生植物名录（第二批）讨论稿收录的有 45 种（Ⅰ级 5 种，Ⅱ级 40 种）；被中国植物红皮书收录的有 19 种（Ⅰ级 1 种，Ⅱ级 3 种，Ⅲ级 15 种）；被《濒危野生动植物种国际贸易公约》（华盛顿公约，CITES）收录的有 23 种。

昆虫 10 目 59 科 293 种；脊椎动物 26 目 57 科 182 种（其中鱼类 3 目 4 科 11 种，两栖类 2 目 3 科 6 种，爬行类 2 目 3 科 8 种，鸟类 13 目 37 科 142 种，兽类 6 目 10 科 15 种）。物种多样性很丰富。区域内多样化的生境类型对这些物种的生存和发展具有十分重要的作用。

图们江源头区域分布有较多的珍稀濒危动植物。在脊椎动物中，有鸳鸯、黑鸢、白尾鹞、雀鹰、松雀鹰、苍鹰、大鵟、普通鵟、毛脚鵟、红隼、红脚隼、猎隼、花尾榛鸡、纵纹腹小鸮、长耳鸮、雕鸮、红角鸮、领角鸮、长尾林鸮、马鹿、黑熊、棕熊共 22 种国家Ⅱ级重点保护物种；并且，该区域还是东北虎在我国的潜在分布区。同时，该区域还分布着进入《濒危野生动植物种国际贸易公约》附录一物种 2 种，即黑熊和棕熊；《濒危野生动植物种国际贸易公约》附录二收录物种 18 种，即豹猫、全部隼型目鸟类和全部鸮型目猛禽。

该区内旅游资源丰富，有典型的火山地貌景观和人文景观资源。

1.3　社会经济

图们江源头区域所处的和龙市是多民族聚居市，有汉族、朝鲜族、满族、蒙古族、回族、苗族等 11 个民族。除汉族外，10 个少数民族人口约占全市总人口的 53.12%，其中多数是朝鲜族，占总人口的 51.53%，其他民族占 1.59%。社会经济相对比较落后。

图们江源头区域所属的延边林业集团和龙林业局是国有大型森工企业和延边地区重点企业。该区内除广坪林场相关管理人员，无其他居民居住。

区内有一条国防公路通往和龙市，还有几条采伐道，均为土路，由于多年前已经停止采伐，道路已经荒芜。

第2章

自然环境

2.1 地质概况

图们江源头区域地处长白山东麓，长白山处于欧亚大陆边缘，濒临太平洋的强烈褶皱带。远在2亿年至7500万年的中生代以前，就曾经历过多次地壳变迁活动，形成古老的岩系，是观察寒武——奥陶纪界限层型剖面的理想地，也是研究中、新生代以来太平洋板块向欧亚大陆板块俯冲，分析全球地质构造演化的关键地区。在中生代，长白山地区经历数十万年的风雨侵蚀，形成了一系列的山间盆地。到了新生代，则变成了一片微波起伏的具有残丘散在的所谓准平原。随着新生代喜马拉雅造山运动，伴有火山的间歇性喷发，地壳发生了一系列断裂、抬升，地下深处的玄武岩熔液大量喷出地面，构成玄武岩台地，形成了由火山地貌、流水地貌塑造的门类齐全的多样性地貌组合类型。第四纪到来之前，地壳运动进入一个新的活动时期，火山活动再次活跃起来，在原来裂隙式喷发的基础上，转为中心式喷发，喷出的熔岩和各种碎屑物堆积在火山口四周的熔岩高原和台地上，筑起了以天池为主要火山通道的庞大的火山锥，其地貌类型有火山熔岩地貌、流水地貌、喀斯特（岩溶）地貌和冰川冰缘地貌。

区域内基岩岩性主要是玄武岩，松散沉积物为黄土与河流相冲积物。

区域所在位置为阴山东西向复杂构造带和长白山新华夏隆起带的交接部位。该区地质构造经过了太古代鞍山运动，古生代未受到华力西晚期运动的影响，岩浆活动剧烈，多中性岩侵入，形成山地；至中生代侏罗纪早期燕山运动的影响，岩浆再次剧烈活动，大规模酸性花岗岩侵入，形成现代地貌的基本轮廓。新生代新第三系至更新世，火山活动频繁，主要喷出熔岩是玄武岩，其底面一般都在海拔1100m以上，高出河面300m以上。玄武岩顶面比较平坦，遥望像桌状山，台面上间有熔岩锥，台缘切割成陡立的悬崖，景观奇特壮丽。更新世时，长白山火山剧烈喷发，主要为碱性粗面岩。

2.2 地貌的形成及特征

图们江源头区域属长白山山地区域，在地质构造、火山频繁活动等作用下，形成了变化复杂、起伏较大、切割分散、相间交错的地貌特征。保护区地势西高东低，西部山势平缓，起伏不大，坡度一般小于10°，最高峰——赤峰就位于图们江源头区域的西部边界，海拔1321m。

图们江源头区域内以中山、低山和高平原为主，图们江发源于赤峰山下，流经广坪林场，深切于玄武熔岩之中，渐成深切峡谷。该区域的东部地形起伏加大，山峰突兀，峡谷深切。山峰多在海拔1000m以上，山顶较平，多为桌状山。河谷深切河曲发育，河流深切于玄武岩之中，形成了壮观的玄武岩深谷和岩槽。图们江源至深切峡谷之间的图们江沿岸，多发育成沼泽。

2.3 气候

图们江源头区域在气候类型上属于中纬度中温带季风半湿润气候区，因其地处长白山高地，形成了山地冷凉湿润气候区。大陆性季风气候明显，四季分明，春季冷暖干湿无常，夏季短暂不甚炎热，秋季温和凉爽多晴天，冬季寒冷漫长。春季为多风少雨期，是冷暖交替、变化无常之际；夏季气温高，雨水多，暴雨、冰雹和洪涝亦经常发生在这个季节；秋季气温不稳定的下降，9月中、下旬中山区可出现早霜；冬季严寒干燥，常有寒潮侵袭。

图们江源头区域年活动积温2200℃；年平均气温4.8℃，年平均最高气温11.5℃，年平均最低气温1.1℃，极端最高气温36.7℃，极端最低气温-33.2℃，且1月份气温最低而7月份气温最高；年降水量800mm，5~9月降水量≥500mm；年平均日照不足2400小时，无霜期125天；积雪厚度大于30cm，最大冻土深度为150cm。气候状况详细参考和龙地区（表2-1）和和龙林业局（表2-2）相关资料，其来源分别为和龙气象站和和龙林业局气象站。

表2-1 和龙地区气象一览表

参数	数值	参数	数值
年平均气温	4.8℃	土壤最大冻深	1.48m
最高气温	36.7℃	年平均风速	2.3m/s
最低气温	-33.2℃	全年降水日期	115天
年积温	2625℃（5~9月）	最大年雨量	672mm
全年日照时数	2454.3时	平均年水雨蒸发量	1321.4mm
全年太阳辐射	476.43kJ/cm²	全年相对温度	64%
无霜期	129天	水气压	790Pa
初霜	9月中旬	最大积雪深度	30cm
终霜	5月中旬	植物生长期	150天
封冻日期	11月上旬	年平均降雨量	517.6mm

表2-2 和龙林业局气象一览表

参数	数值	参数	数值
年平均气温	1℃	年平均风速	2m/s
最低气温	-40	最大风速	8m/s
最高气温	32℃	全年降水日期	160天
年积温	2500℃	平均年水雨蒸发量	1000mm
全年日照时间	1950时	全年相对温度	73%
无霜期	110天	水气压	9.7mm
初霜	9月中旬	最大积雪深度	40cm
终霜	5月下旬	植物生长期	110天
封冻日期	195天	年平均降雨量	600mm
土壤最大冻深	2m		

2.4　水文

图们江源头区域内水系发达，其主要河流为图们江，其一级支流为红旗河。图们江位于吉林省东南部，是中国和朝鲜两国的界河。发源于赤峰山下的红土水与母树林河汇合处，在和龙林业局境内径流量 5.19 亿 m^3。6 ~ 9 月占全年径流量的 62%，12 月至第二年 3 月占 10.44%，多年平均流量 59.7 m^3/s，图们江源头区域内（红旗河以西）平时河宽 10 ~ 30 m，水深 0.5 m。自源头东行 2.6 km，左汇弱流水，又东南流 7.8 km，右汇石乙水，东流 33.5 km，左汇广坪沟，再东流 10 km，右汇红丹水，再东北流 15.7 km，左汇红旗河。图们江在源头区域内流径 70 km 左右，约为图们江总长度的 14%。该段河流穿行于幽深的峡谷中，汇集高山径流，水量充沛，河床平均比降为 0.72%，河底为大块石，两岸林木茂盛，河道稳定，水量丰枯变化小。河道形态顺直，河谷呈"V"形，由于河流的侧蚀作用，两岸岩石（玄武岩）沿柱状节理而脱落。自红旗河口以西属冷凉气候区，由于河床比降较大，多数河段完全不封冻。平时水面宽 10 ~ 30m，水深 0.5m。

2.5　土壤

图们江源头区域地表覆盖 20cm 左右的火山灰。土壤类型有：典型暗棕壤、暗色暗棕壤、草甸土、泥炭沼泽土。

垂直分布：

典型暗棕壤：分布在海拔 800 ~ 1400m 之间的山坡地带。

暗色暗棕壤：分布在海拔 800 ~ 1400m 之间的中山区。

草甸土：分布在海拔 700 ~ 800m 之间的河流两侧。

泥炭沼泽土：分布在海拔 700 ~ 1000m 之间的山坡地带。

水平分布：

典型暗棕壤：是该区域面积最大的土壤，占 94%。

暗色暗棕壤：主要分布在马鹿沟的河流地带，是该区域面积最小的土壤，。

草甸土：分布在该区域的西南部及背部区域，东树沟、石人沟，广坪、花碰子、星火也有少量分布，面积占 4%。

泥炭沼泽土：主要分布在大马鹿沟河及图们江沿岸低洼地带等地，面积占 2%。

第二篇
植物与植被资源

第 3 章

植物区系特征

3.1 植物区系

种子植物是绿色植物的主要组成部分，是生态系统中的生产者，发挥着固定太阳能、将无机物转化为有机物的重要作用。一个地区的种子植物种类、数量和区系组成是衡量该地区生物多样性水平的重要指标之一。种子植物种类、数量、组成、分布格局及珍稀濒危植物和特有物种水平及其形成机制、历史均属于植物区系的研究范畴，对保护区进行种子植物区系研究是保护区生物多样性研究中不可或缺的内容，也是研究该区域植被和群落结构、森林资源、社区经济和其它内容的基础。

本书在进行物种统计和区系分析时，对种下等级采取以下处理方法：对原亚种、原变种或原变型不产于该区域的种下单位，不管同一个种下有几个种下单位，均按种来统计分析，但对于原亚种、原变种或原变型在该区域内有分布的情况，进行统计时则只按亚种、变种或变型对待，在区系统计过程中，不计入总数之内。以此统计，图们江源头区内域分布的种子植物共计111科492属962种（亚种、变种和变型）（见附录）。其中裸子植物3科8属15种；被子植物中双子叶植物90科397属681种（亚种、变种和变型），单子叶植物18科88属266种（变种）。

3.2 区系分析

植物区系是在一定的自然地理条件，特别是自然历史条件综合作用下，植物界本身发展演化的结果。它以种群方式存在，组成各地植被的实体，是自然地理环境的反映及环境变迁的见证或依据。在影响植物区系形成和发展的各种因素中，海陆的生成和变迁，气候的历史变迁等对植物区系的形成和分布具有特别重要的意义。为直观反映图们江地区与中国、世界植物区系的关系，对图们江源头区域的种子植物分别进行科、属水平上的分布类型统计。

3.2.1 科的区系分析

该区内种子植物共计111科，其中裸子植物3科，被子植物中双子叶植物90科，单子叶植物18科。以下从各科的属、种组成和地理区系两方面进行分析。种子植物各科的详细统计情况见表3-1。

表3-1 种子植物各科简况表

科名	科拉丁名	种	属	中国所含属/种	世界含属/种	世界分布区域
松科	Pinaceae	10	4	10/142	10/230	全世界
柏科	Cupressaceae	4	3	8/36	22/150	全世界
紫杉科	Taxaceae	1	1	4/12	5/23	北温带和南温带间断分布
胡桃科	Juglandaceae	2	2	7/27	8/60	泛热带至温带
杨柳科	Salicaeae	12	3	3/231	3/530	北温带
桦木科	Betulaceae	9	4	6/70	6/120	北温带
壳斗科	Fegaceae	2	1	5/209	8/900	全世界，主产泛温带及热带山区
榆科	Ulmaceae	4	2	8/52	15/150	泛热带至温带
桑科	Moraceae	3	3	17/159	53/1400	泛热带至亚热带
荨麻科	Urticaceae	6	5	20/223	45/550	泛热带至亚热带
檀香科	Santalaceae	1	1	7/20	30/600	泛热带至温带
桑寄生科	Loranthaceae	1	1	10/50	40/1500	泛热带至亚热带
蓼科	Polygonaceae	22	5	11/210	40/800	全世界，主产温带
马齿苋科	Portulacaceae	1	1		19/58	温带和热带
石竹科	Caryophyllaceae	27	13	29/316	66/1654	全世界
藜科	Chenopodiaceae	8	4	44/209	102/1400	全世界，主产中亚–地中海
苋科	Amaranthaceae	2	1	13/39	60/850	泛热带至温带
木兰科	Magnoliaceae	1	1	16/150	18/320	泛热带至亚热带
五味子科	Schisandraceae	1	1	2/30	2/30	北温带
樟科	Lauraceae	1	1	22/382	32/2050	泛热带至亚热带
毛茛科	Ranunculaceae	61	17	41/687	51/1901	全世界，主产温带
小檗科	Berberidaceae	6	5	11/300	20/600	主产北温带
防己科	Menispermaceae	1	1	19/60	70/400	泛热带至亚热带
睡莲科	Nymphaeaceae	4	4	5/15	9/70	全世界
金粟兰科	Chloranthaceae	1	1	3/17	5/70	热带和亚热带
马兜铃科	Aristolochiaceae	4	2	4/71	8/400	热带和亚热带
芍药科	Paeoniaceae	3	1	1/12	1/40	北温带
猕猴桃科	Actinidiaceae	3	1	2/79	4/370	泛热带至亚热带
金丝桃科	Hypericaceae	4	2	5/30	35/400	泛热带分布
茅膏菜科	Droseraceae	1	1		4/105	全世界
罂粟科	Papaveraceae	13	5	18/362	38/700	全世界温带和亚热带
十字花科	Cruciferae	15	12	102/440	510/6200	泛热带至温带
景天科	Crassulaceae	12	4	12/262	36/1503	全世界
虎耳草科	Saxifragaceae	23	10	27/400	80/1200	全温带
蔷薇科	Rosaceae	57	24	60/912	100/2000	全世界，主产温带
豆科	Leguminosee	42	25	150/1120	600/1300	全世界
酢浆草科	Oxalidaceae	3	1	3/13	10/900	泛热带至温带
牻牛儿苗科	Geraniaceae	10	2	4/70	11/600	泛热带至温带
蒺藜科	Zygophyllaceae	1	1	5/33	25/160	泛热带至亚热带

（续）

科名	科拉丁名	种	属	中国所含属种	世界含属种	世界分布区域
亚麻科	Linaceae	1	1	4/12	12/290	全世界
大戟科	Euphorbiaceae	7	3	63/345	300/5000	泛热带至温带
芸香科	Rutaceae	2	2	24/145	150/900	泛热带至温带
漆树科	Anacardiaceae	2	2	15/55	60/600	主产热带、亚热带
远志科	Polygalaceae	2	1	5/47	11/1000	泛热带至温带
槭树科	Aceraceae	11	1	2/102	3/200	北温带，主产东亚
凤仙花科	Balsaminaceae	2	1	2/191	4/600	泛热带至温带
卫矛科	Celastraceae	7	3	13/202	51/530	全世界
省沽油科	Staphyleaeae	1	1	4/22	5/60	泛热带和北温带
鼠李科	Rhamnaceae	1	1	15/134	58/900	泛热带至温带
葡萄科	Vitaceae	5	3	7/124	12/700	泛热带至亚热带
椴树科	Tiliaceae	2	1	9/80	35/400	泛热带至亚热带
锦葵科	Malvaceae	3	3	16/50	50/1000	泛热带至温带
瑞香科	Thymelaeaceae	1	1	9/90	40/500	泛热带至温带
胡颓子科	Elaeagnaceae	1	1	2/30	3/50	亚热带至温带
堇菜科	Violaceae	21	1	4/120	18/800	全世界
葫芦科	Cucurbitaceae	3	3	27/160	118/825	热带和亚热带
千屈菜科	Lythraceae	1	1	11/47	25/550	主产热带、亚热带
菱科	Trapaceae	1	1	1/5	1/30	热带和温带
柳叶菜科	Onagraceae	1	1	10/60	20/600	全世界，主产北温带
小二仙草科	Haloragaidceae	1	1	2/8	8/100	全世界，主产大洋洲
杉叶藻科	Hippuridaceae	1	1	1/1	1/3	全世界
八角枫科	Alangiaceae	1	1	1/8	1/30	泛热带至温带
山茱萸科	Cornaceae	3	2	8/50	10/90	北温带至热带
五加科	Araliceae	7	5	23/160	60/800	泛热带至温带
伞形科	Umbilliferae	29	20	58/540	305/3225	全温带
鹿蹄草科	Pyolaceae	8	5	8/35	29/70	北温带至寒带
杜鹃花科	Ericaceae	16	6	20/792	50/1350	全世界，主产南非、喜马拉雅
报春花科	Primulaceae	12	4	12/534	20/1000	全温带
安息香科	Styracaceae	1	1	9/60	12/180	亚热带、温带
山矾科	Symplocaceae	1	1	1/125	2/500	热带、亚热带
木犀科	Oleaceae	7	3	14/188	29/600	泛热带至温带
龙胆科	Gentianaceae	12	5	19/269	80/900	全温带
睡菜科	Menyanthaceae	3	2		5/70	全世界
萝藦科	Asclepiadaceae	5	2	36/231	120/2000	泛热带至温带
茜草科	Rubiaceae	6	3	74/474	510/6200	泛热带至温带
花荵科	Polemoniaceae	2	1	3/6	15/300	全温带，主产北美西部
旋花科	Convolvulaceae	10	4	21/102	55/1650	泛热带至温带
紫草科	Boraginaceae	6	6	51/209	100/2000	全世界，主产温带
水马齿科	Callitrichaceae	1	1	1/4	1/25	全世界

（续）

科名	科拉丁名	种	属	中国所含属种	世界含属种	世界分布区域
唇形科	Labiatae	30	19	94/793	180/3500	全世界，主产地中海
茄科	Solanaceae	9	6	24/140	80/3000	热带至温带
玄参科	Scrophulariaceae	23	11	54/610	220/3000	全世界，主产温带
紫葳科	Bignoniaceae	2	2	17/40	120/650	热带至亚热带
列当科	Orobanchaceae	4	3	10/35	25/200	泛热带至温带
狸藻科	Lentibulariaceac	1	1	2/19	4/179	全世界
透骨草科	Phrymaceae	1	1	1/1～2	1/1～2	泛热带至温带
车前科	Plantaginaceae	3	1	1/16	3/370	全世界
忍冬科	Cprifoliaceae	18	7	12/200	13/500	北温带和热带山区
五福花科	Adoxaceae	1	1		3/150～200	北温带
败酱科	Valerianaceae	5	2	3/30	13/400	北温带
川续断科	Dipsacaceae	1	1	5/30	12/300	泛热带至温带
桔梗科	Campanulaceae	11	6	13/125	70/2000	全世界，主产温带
菊科	Compositae	116	15	207/2170	900/13000	全世界
泽泻科	Alismataceae	2	2	5/13	13/90	全世界
花蔺科	Butomaceae	1	1	2/2	5/10	温带到热带
水鳖科	Hydrocharitaceae	2	2	10/26	16/80	热带及温带
眼子菜科	Potamogetonaceae	2	1		2/100	全世界
百合科	Liliaceae	56	24	52/365	250/3700	全世界，主产温带、亚热带
薯蓣科	Diosareaceae	2	1	1/80	10/650	泛热带至温带
雨久花科	Pontederiaceae	2	1	2/6	7/30	热带、亚热带
鸢尾科	Iridaceae	11	2	11/84	60/1500	泛热带至温带
灯芯草科	Juncaceae	1	1	2/60	8/300	全温带
鸭趾草科	Commelinaceae	2	2	13/49	40/600	泛热带至温带
谷精草科	Eriocaulaceae	1	1	1/30	12/1100	热带、亚热带
禾本科	Gramineae	32	24	217/1160	620/10000	全世界
天南星科	Araceae	8	5	28/194	115/2000	泛热带至温带
浮萍科	Lemnaceae	2	2	3/6	6/30	全世界
黑三棱科	Sparganiaceae	3	1	1/4	1/20	于温带和热带
香蒲科	Typhaceae	3	1	1/10	1/15	于温带和热带
莎草科	Cyperaceae	10	5	33/569	90/4000	全世界，主产温带及寒冷地区
兰科	Orchidaceae	21	16	141/1040	735/17000	全世界

注：表中空项为数据不详。

3.2.2　组成

按照各科所含种数排序，该区内排名前 9 名的优势科依次为菊科（15 属 116 种）、毛茛科（17 属 67 种）、蔷薇科（24 属 57 种）、百合科（24 属 56 种）、豆科（25 属 42 种）、禾本科（24 属 32 种）、唇形科（19 属 30 种）、伞形科（20 属 29 种）、石竹科（13 属 27 种）。

这些科所包含的属、种数占该区种子植物属、种总数的 34.76% 和 47.40%，在该地区种子植物组成上占据重要地位。这些对植物组成贡献较大的科多数为草本，在森林植被中作用相对较弱。

按各科在该区植被中发挥的作用排序，松科、桦木科、杜鹃花科等包含物种数量较少的科却是该区内森林植被的主要成分。松科虽然只有4属10种，但其中一半以上的种类是区内亚高山针叶林带及针阔叶混交林带的主要建群种。同样，桦木科和杜鹃花科也分别包含针阔叶混交林带和亚高山针叶林带的建群种，因此这3科也属于本区的优势科。

3.2.3　区系成分

总的来说，以上9个优势科所含属、种数目显著高于其它各科，在本区的区系组成中起着举足轻重的作用，所包含的种在区内植被或植物群落中起着建群种的作用。在这9个科中主要为世界广布型和温带分布型，并以温带分布为主，基本未包含各植被带的建群种。这些现象表明，本区系的优势科具有较强的温带性质。

该区内所有的科中泛世界性分布及其变型的科数最多，为40科，占所有种子植物科数的36.37%，但这些科中包含的物种数较少，说明本地区不是这些科的分布中心，而是全热带分布科向温带的延伸。由于该类型各科贡献率普遍较低，所以这40个科所包含的种数没能相应地占据优势，其总数未能超过温带分布类型各科所包含的种的总数。按各分布型包含科数排序，向后依次为泛热带分布性29科，温热带和亚热带19科，温带分布型6科。

分析该区所包含属、种的分布区类型发现，一部分科包含很多温带性质的属、种，而另一部分科包含相当数量的热带性质的属种，说明本区还具有热带向温带过渡的区系特征。

第 4 章

植物资源

4.1 植物物种及其分布

4.1.1 被子植物

图们江源头区域被子植物有 108 科 485 属 947 种（名录见附录）。其中，双子叶植物 90 科 397 属 681 种（亚种、变种和变型），单子叶植物 18 科 88 属 266 种（变种）。广泛分布于保护区各处，是森林生态系统中的优势类群。是阔叶林和针阔混交林的主要建群种和优势种。

4.1.2 裸子植物

图们江源头区域常见裸子植物有 3 科 8 属 15 种（名录见附录）；主要有红松、油松、赤松、偃松、长白松、长白落叶松、红皮云杉、鱼鳞云杉、臭冷杉、沙松冷杉、杜松、西伯利亚刺柏、兴安圆柏、朝鲜崖柏和东北红豆杉等，虽然种类不多，但在森林生态系统中广泛分布，占有主要地位，构成了针叶林、针阔叶混交林的主要建群种和优势种。

4.1.3 蕨类植物

据初步调查和资料整理，图们江源头区域常见蕨类有 21 科 41 属 81 种（名录见附件）。从海拔 700～1500m，广泛分布于林缘、林下、沟谷、山坡、沼泽、山崖上。其中有不少是具有重要经济价值的植物。

常见的药用蕨类有：石松、卷柏、木贼、粗茎鳞毛蕨、乌苏里瓦韦、有柄石韦等。

常见的观赏蕨类有：玉柏石松、掌叶铁线蕨、球子蕨、荚果蕨、光叶风丫蕨、小多足蕨、华北耳蕨等。

常见食用蕨类有：猴腿蹄盖蕨、分株紫萁、蕨、荚果蕨等。

常见饲料蕨类有：问荆、槐叶苹、满江红等。

可做工业原料的蕨类有：石杉、扁枝石松、木贼、蕨等。

珍稀植物：东北对开蕨 *Phyllitis japonica*，为国家 II 级重点保护野生植物。

4.1.4 苔藓植物

图们江源头区域约有苔藓植物 58 科 133 属 241 种（亚种、变种和变型）（名录见附录）。地面生苔藓植物的物种丰富度以暗针叶林最高，而多样性以落叶松——沼泽地和暗针叶林为最高；腐木生苔藓植物的物种丰富度和多样性均以暗针叶林为最高，树附生苔藓植物的物种丰富度和多样性以暗针叶林以及红松阔叶混交林与暗针叶林间的过渡林为最高。海拔高度、林冠层郁闭度和林内湿度、土壤酸度、含水量、林下倒木的丰富程度等是影响本地区苔藓植物多样性的重要环境因子。苔藓植物在水土保持、碳循环中发挥着重要作用，还有不少种类如：金发藓、万年藓等具有药用和观赏价值。

4.1.5 大型真菌

图们江源头区域有大型真菌56科140属310种（名录见附录）。主要分布于各种森林植被和灌草丛之中的土壤、倒木和枝干上。其中，有不少具有研究培育作为食用菌资源的应用前景，常见食用菌约26种。

（1）胶陀螺（猪拱嘴、拱嘴蘑）*Bulgaria inguinans* 夏季寄生在栎树或桦树的原木树皮上。

（2）羊肚菌（羊肚蘑、羊肚菜）*Morchella esculenta* 春末、夏初林地、林缘及灌丛中。

（3）皱柄白马鞍菌（鸡腿蘑）*Helvella crispa* 夏季林下、林缘。

（4）金黄银耳（金耳）*Tremella mesenterica* 夏季寄生于栎树、桦树等阔叶树的腐木或伐桩上。

（5）木耳（黑木耳、黑菜）*Auricularia auricula* 夏、秋季寄生于栎、槭、椴、榆、柳、杨、千金榆等阔叶树种倒木及伐后树桩上。

（6）葡萄色顶枝瑚菌（扫帚蘑）*Ramaria botrytis* 夏季林缘、林下、灌丛中。

（7）鸡油菌（鸡油蘑）*Cantharellus cibarius* 秋季喜生于针阔混交林或针叶林下。

（8）猴头菌（猴头）*Hericiumer inaceum* 秋季寄生于栎、桦树等阔叶树的活立木、枯立木及腐木上。

（9）珊瑚状猴头菌（狍子屁股）*Hericiumer coralloides* 秋季多寄生于针叶树的枯立木和倒木上。

（10）硫黄菌（树鸡蘑）*Laetiporussu lphurens* 夏、秋季寄生于落叶松、红松、柞、槭等树的活立木、倒木及伐桩上。

（11）厚环粘盖牛肝菌（粘团子）*Suillus elegans* 夏、秋季喜生于针叶林、混交林地上。

（12）美味牛肝菌（大腿蘑）*Boletus edulis* 夏、秋季散生于针叶林、阔叶林或针阔混交林内地上。

（13）血红铆钉菇（松树伞、松伞蘑）*Chroogomp hisrutilus* 秋季红松、赤松等针叶树的林下。

（14）金顶侧耳（榆黄蘑）*Pleurotusci trinopileatus* 夏、秋季寄生于榆属的枯立木、倒木、伐桩和原木上。

（15）侧耳（元蘑、冻蘑）*Pleurotusci ostreatus* 秋季寄生于椴、桦、榆等倒木、枯立木、伐木层和原木上。

（16）油黄口蘑（油蘑）*Tricholoma flavovirens* 秋季针阔混交林地上。

（17）棕灰口蘑（草蘑、灰蘑、小灰蘑）*Tricholoma terreum* 夏、秋季松林或混交林地上。

（18）粗壮口（蘑松蘑）*Tricholoma robustum* 夏、秋季林下、林缘、灌丛中。

（19）松口蘑（松茸）*Tricholoma matsutake* 秋季红松或栎树林地上。

（20）紫丁香蘑（丁香蘑）*Lepista nuda* 夏、秋季林缘、林下、灌木丛中。

（21）花脸香蘑（花脸蘑）*Lepista sordida* 夏、秋季林下肥沃的土地上。

（22）蜜环菌（榛蘑）*Armillari ellamellea* 夏、秋季生于阔叶树或针叶树立木的树基、枯倒木上或树上。

（23）橙盖鹅膏菌（鸡蛋黄蘑）*Amanita caesarea* 夏、秋季林下、林缘及灌丛中。

（24）粘柄丝膜菌（趟子蘑）*Cortinarius collinitus* 秋季生于以壳斗科植物为主的林下、林缘及灌丛中。

（25）黄伞（柳蘑、刺儿蘑）*Pholiota adiposa* 秋季寄生于柳、桦杨等阔叶树种的枯木或倒腐木上。

（26）墨汁鬼伞（柳树蘑、柳树鹅）*Coprinus atramentarius* 春杨、柳树根旁或伐桩的根部。

4.1.6 其它资源植物

图们江源头区域内丰富的植物种类是开展资源植物保护和合理利用研究的基础。为便于研究，将该区内的资源植物归为以下 13 类。

该内域的资源植物按照其主要用途可分为以下 13 种，其定义及其在图们江源头区域内分布的种数统计情况见表 3-2。

表 4-1 资源植物统计一览表

用途	定义	种数
野生水果	提供人类食用的干鲜果品和作为饮料和食品加工原料的经济作物。	81
色素植物	植物体内含有丰富的天然色素，可以提取用于各种食品、饮料的添加剂以及用作染料的一些植物。	70
淀粉植物	利用植物之地下茎、地下根或种子以供作淀粉者。	97
油脂植物	为采取果实或茎部所含油脂、漆液、乳汁或蜡等，供榨制食用或工业用的植物。	188
香料植物	具有特殊香味的植物，其根、茎、叶、花、果实及种子所含之成分，可供作为药剂、食品、饮料、香水或美容之用。	147
野菜植物	生于山野，未经人为栽培的野生可食植物。包括叶菜类、茎菜类、根菜类及果菜类，更包含可直接生食的水果类。	255
饲料植物	植株蛋白质含量相对丰富可提供做动物用饲料的植物种类。	335
蜜源植物	植物的花蜜及花粉能被蜜蜂利用的植物种类。	271
药用植物	具有药用价值，可用于疾病预防和治疗的植物种类。	836
鞣料植物	含植物性鞣革用萃取物、鞣酸及其衍生物、染料等其他色料的植物种类。	130
纤维植物	种子或茎的纤维可用做纺织品、绳索、渔网的原料的植物。	110
用材植物	形成木材的植物，其细胞内一般都具有木质素使细胞的强度增加。	90
园林绿化观赏植物	适宜在城市园林绿地及风景区栽植应用的植物。包括植于庭园和公园以取其绿荫为主要目的的庭荫树；种在道路两旁给车辆和行人遮阴并构成街景的树种行道树；常作为庭园或园林局部的中心景物，赏其树形或姿态，还包括赏花、果、叶色的园景树及花灌木、藤本、绿篱树种等。	688

根据不同植物的用途，将区内资源植物分类列入不同资源类别中。

4.1.6.1 野生水果

野生水果由于含有丰富的维生素和其它对人体有益的营养成分与微量元素，以及不受农药等有毒物质的污染而受到消费者的青睐，面对日益增长的市场需求，具有广阔的开发利用前景。

表4-2 图们江源头区域野生水果类植物

序号	种名	序号	种名	序号	种名
1	红松	28	毛山荆子	55	东北扁核木
2	偃松	29	山荆子	56	山葡萄
3	赤松	30	山楂海棠	57	沙棘
4	东北红豆杉	31	秋子梨	58	赤瓟
5	胡桃楸	32	水榆花楸	59	格菱
6	榛	33	花楸树	60	红端木
7	毛榛	34	东方草莓	61	无梗五加
8	蒙古栎	35	长白蔷薇	62	刺五加
9	春榆	36	玫瑰	63	红北极果
10	裂叶榆	37	山刺玫	64	大果毛蒿豆
11	榆树	38	刺蔷薇	65	越橘
12	桑	39	伞花蔷薇	66	笃斯越橘
13	五味子	40	绿叶悬钩子	67	朝鲜越橘
14	细叶小檗	41	茅莓悬钩子	68	枸杞
15	大叶小檗	42	北悬钩子	69	毛酸浆
16	葛枣猕猴桃	43	库页悬钩子	70	挂金灯
17	狗枣猕猴桃	44	山楂叶悬钩子	71	龙葵
18	软枣猕猴桃	45	欧李	72	北极花
19	刺果茶藨子	46	长梗郁李	73	蓝靛果忍冬
20	长白茶藨子	47	稠李	74	旱花忍冬
21	东北茶藨子	48	斑叶稠李	75	单花忍冬
22	尖叶茶藨子	49	黑樱桃	76	金花忍冬
23	楔叶茶藨子	50	东北杏	77	接骨木
24	矮茶藨	51	山杏	78	修枝荚蒾
25	刺腺茶藨	52	毛樱桃	79	鸡树条荚蒾
26	毛山楂	53	东北李	80	朝鲜荚蒾
27	山楂	54	山樱桃	81	白花延龄草

4.1.6.2 色素植物

色素植物是指植物体内含有丰富的天然色素，可以提取用于各种食品、饮料的添加剂以及用作染料的一些植物。在当前提倡绿色食品和有机食品的背景下，色素植物很有发展潜力。

表4-3 图们江源头区域内的色素植物

序号	种名	序号	种名	序号	种名
1	石杉	25	刺腺茶藨	49	黄檗
2	扁枝石松	26	毛山楂	50	盐肤木
3	东北石松	27	山楂	51	茶条槭
4	玉柏石松	28	毛山荆子	52	山葡萄
5	杉蔓石松	29	山荆子	53	沙棘
6	东北红豆杉	30	山楂海棠	54	无梗五加

（续）

序号	种名	序号	种名	序号	种名
7	胡桃楸	31	水榆花楸	55	刺五加
8	东北赤杨	32	东方草莓	56	越橘
9	水冬瓜赤杨	33	鹅绒委陵菜	57	笃斯越橘
10	岳桦	34	长白蔷薇	58	朝鲜越橘
11	白桦	35	玫瑰	59	睡菜
12	桑	36	山刺玫	60	莲子菜
13	萹蓄蓼	37	刺蔷薇	61	茜草
14	水蓼	38	伞花蔷薇	62	紫草
15	酸摸	39	绿叶悬钩子	63	枸杞
16	猪毛菜	40	茅莓悬钩子	64	接骨木
17	长柱金丝桃	41	北悬钩子	65	小花鬼针草
18	短柱金丝桃	42	库页悬钩子	66	狼巴草
19	刺果茶藨	43	山楂叶悬钩子	67	鳢肠
20	长白茶藨	44	地榆	68	朝鲜一枝黄花
21	东北茶藨	45	稠李	69	苍耳
22	尖叶茶藨	46	黑樱桃	70	菭草
23	楔叶茶藨	47	朝鲜槐		
24	矮茶藨	48	牻牛儿苗		

4.1.6.3 淀粉植物

淀粉是植物的主要储存营养物质之一，也是人类的主要食物和重要的工业原料，有些植物的淀粉中由于含有其它有效物资，还成为中草药成分。合理开发利用淀粉植物资源，可以为工业、养殖业提供原料，或通过深加工作为粮食的代用品。

表4-4　图们江源头区域的淀粉植物

序号	种名	序号	种名	序号	种名
1	分株紫萁	34	草木犀	67	山丹
2	蕨	35	野葛	68	垂花百合
3	槭树	36	毛蕊老鹳草	69	东北百合
4	蒙古栎	37	北方老鹳草	70	五叶黄精
5	春榆	38	白蔹	71	玉竹
6	裂叶榆	39	赤瓟	72	小玉竹
7	榆树	40	格菱	73	毛筒玉竹
8	苦荞	41	东北土当归	74	二苞黄精
9	倒根蓼	42	打碗花	75	长苞黄精
10	东方蓼	43	日本打碗花	76	黄精
11	朱芽蓼	44	宽叶打碗花	77	狭叶黄精
12	何首乌	45	菟丝子	78	绵枣儿
13	皱叶酸摸	46	金灯藤	79	山慈姑
14	王不留行	47	甘露子	80	穿龙薯蓣

（续）

序号	种名	序号	种名	序号	种名
15	凹头苋	48	轮叶腹水草	81	薯蓣
16	反枝苋	49	轮叶沙参	82	野燕麦
17	类叶升麻	50	党参	83	茵草
18	红果类叶升麻	51	羊乳	84	马唐
19	单穗升麻	52	雀斑党参	85	野稗
20	芡实	53	桔梗	86	芦苇
21	莲	54	关苍术	87	金狗尾草
22	草芍药	55	朝鲜苍术	88	狗尾草
23	山芍药	56	菊芋	89	菰
24	芍药	57	野慈姑	90	菖蒲
25	山荷叶	58	花蔺	91	天南星
26	槭叶草	59	知母	92	小香蒲
27	鹅绒委陵菜	60	猪牙花	93	宽叶香蒲
28	大白花地榆	61	毛百合	94	狭叶香蒲
29	小白花地榆	62	有斑百合	95	水葱
30	地榆	63	大花百合	96	手参
31	野大豆	64	卷丹	97	绶草
32	花木蓝	65	朝鲜百合		
33	大山黧豆	66	大花卷丹		

4.1.6.4 油脂植物

油脂是植物种子或果实中储藏的一种高能量物质，可以用作食用、油脂化学工业等。

表4-5　图们江源头区域的油脂植物

序号	种名	序号	种名	序号	种名	序号	种名
1	粗茎鳞毛蕨	48	翼果唐松草	95	兴安胡枝子	142	蛇床
2	沙松冷杉	49	箭头唐松草	96	朝鲜槐	143	鸭儿芹
3	长白落叶松	50	长瓣金莲花	97	苜蓿	144	越橘
4	鱼鳞云杉	51	短瓣金莲花	98	刺槐	145	笃斯越橘
5	红皮云杉	52	长白金莲花	99	苦参	146	珍珠菜
6	红松	53	大叶小檗	100	白车轴草	147	白檀
7	偃松	54	芍药	101	广布野豌豆	148	花曲柳
8	赤松	55	软枣猕猴桃	102	大叶野豌豆	149	水曲柳
9	油松	56	白屈菜	103	歪头菜	150	暴马丁香
10	杜松	57	荠	104	藜	151	打碗花
11	东北红豆杉	58	播娘蒿	105	亚麻	152	东北鹤虱
12	胡桃楸	59	独行菜	106	叶底珠	153	藿香
13	枫杨	60	风花菜	107	黄檗	154	水棘针
14	水冬瓜赤杨	61	荠蒻	108	盐肤木	155	香薷
15	黑桦	62	东北山梅花	109	漆树	156	鼬瓣花

（续）

序号	种名	序号	种名	序号	种名	序号	种名
16	白桦	63	东北茶藨	110	色木槭	157	野芝麻
17	千金榆	64	假升麻	111	茶条槭	158	细叶益母草
18	榛	65	齿叶白鹃梅	112	紫花槭	159	大花益母草
19	毛榛	66	风箱果	113	东北槭	160	益母草
20	蒙古栎	67	山楂	114	三花槭	161	薄荷
21	春榆	68	秋子梨	115	元宝槭	162	大叶糙苏
22	裂叶榆	69	花楸树	116	刺苞南蛇藤	163	蓝萼香茶菜
23	榆树	70	水杨梅	117	南蛇腾	164	尾叶香茶菜
24	大麻	71	长白蔷薇	118	卫矛	165	毛水苏
25	葎草	72	玫瑰	119	白杜	166	水苏
26	桑	73	山刺玫	120	翅卫矛	167	天仙子
27	东方蓼	74	刺蔷薇	121	瘤枝卫矛	168	枸杞
28	皱叶酸摸	75	伞花蔷薇	122	省沽油	169	轮叶腹水草
29	狗筋蔓	76	大白花地榆	123	鼠李	170	车前
30	藜	77	小白花地榆	124	爬山虎	171	平车前
31	杂配藜	78	地榆	125	山葡萄	172	长叶平车前
32	地肤	79	长梗郁李	126	紫椴	173	金银忍冬
33	猪毛菜	80	稠李	127	糠椴	174	长白忍冬
34	天女木兰	81	斑叶稠李	128	冬葵	175	接骨木
35	五味子	82	东北杏	129	苘麻	176	鸡树条荚蒾
36	三桠乌药	83	山杏	130	野西瓜苗	177	朝鲜荚蒾
37	北乌头	84	毛樱桃	131	沙棘	178	党参
38	尖萼楼斗菜	85	东北李	132	月见草	179	桔梗
39	驴蹄草	86	山樱桃	133	红端木	180	牛蒡
40	薄叶驴蹄草	87	东北扁核木	134	台灯树	181	黄花蒿
41	兴安升麻	88	豆茶决明	135	无梗五加	182	小花鬼针草
42	大三叶升麻	89	紫穗槐	136	刺五加	183	山尖子
43	单穗升麻	90	树锦鸡儿	137	辽东惚木	184	丝毛飞廉
44	棉团铁线莲	91	野大豆	138	东北土当归	185	光豨莶
45	辣蓼铁线莲	92	花木蓝	139	刺参	186	腺梗豨莶
46	齿叶铁线莲	93	五脉山黧豆	140	人参	187	苍耳
47	唐松草	94	胡枝子	141	大活	188	玉蝉花

4.1.6.5 香料植物

香料植物中富含芳香油或植物精油，在香料香精工业及医药、选矿等行业上占有重要位置，目前诸多香料植物中只有薄荷得到了一定程度的开发利用，因此保护区内芳香植物还具有一定的开发潜力。

表4-6　图们江源头区域的香料植物

序号	种名	序号	种名	序号	种名
1	沙松冷杉	50	刺槐	99	益母草
2	臭冷杉	51	白藓	100	薄荷
3	鱼鳞云杉	52	黄檗	101	蓝萼香茶菜
4	红皮云杉	53	省沽油	102	尾叶香茶菜
5	红松	54	紫椴	103	黄芩
6	偃松	55	糠椴	104	百里香
7	赤松	56	长白瑞香	105	北玄参
8	长白松	57	鸡腿堇菜	106	阴行草
9	杜松	58	球果堇菜	107	金银忍冬
10	兴安圆柏	59	东北堇菜	108	岩败酱
11	朝鲜崖柏	60	紫花堇菜	109	黑水缬草
12	东北红豆杉	61	白花堇菜	110	缬草
13	胡桃楸	62	月见草	111	高山蓍
14	山杨	63	无梗五加	112	黄花蒿
15	香杨	64	刺五加	113	青蒿
16	白桦	65	辽东楤木	114	艾蒿
17	葎草	66	东北土当归	115	茵陈蒿
18	桑	67	刺楸	116	林艾蒿
19	水蓼	68	刺参	117	宽叶山蒿
20	香蓼	69	人参	118	万年蒿
21	石竹	70	狭叶当归	119	牡蒿
22	瞿麦	71	大活	120	水蒿
23	头安石竹	72	毒芹	121	大籽蒿
24	天女木兰	73	蛇床	122	关苍术
25	五味子	74	高山芹	123	朝鲜苍术
26	单穗升麻	75	长白高山芹	124	金挖耳
27	银线草	76	兴安牛防风	125	大花金挖耳
28	狗枣猕猴桃	77	东北牛防风	126	甘菊
29	软枣猕猴桃	78	辽藁本	127	野菊
30	长柱金丝桃	79	石防风	128	紫花野菊
31	荠	80	棱子芹	129	东风菜
32	梅花草	81	变豆菜	130	鳢肠
33	假升麻	82	防风	131	飞蓬
34	珍珠梅	83	窃衣	132	泽兰
35	龙芽草	84	细叶杜香	133	菊芋
36	槭叶蚊子草	85	牛皮杜鹃	134	旋覆花
37	蚊子草	86	小叶杜鹃	135	同花母菊
38	东方草莓	87	兴安杜鹃	136	祁州漏芦
39	水杨梅	88	迎红杜鹃	137	风毛菊

（续）

序号	种名	序号	种名	序号	种名
40	长白蔷薇	89	白檀	138	大花千里光
41	玫瑰	90	四季丁香	139	朝鲜一枝黄花
42	山刺玫	91	暴马丁香	140	兔儿伞
43	刺蔷薇	92	紫丁香	141	茖葱
44	伞花蔷薇	93	辽东丁香	142	铃兰
45	东北杏	94	藿香	143	有斑百合
46	山杏	95	香薷	144	山丹
47	紫穗槐	96	野芝麻	145	菖蒲
48	草木犀	97	细叶益母草	146	半夏
49	白花草木犀	98	大花益母草	147	手参

4.1.6.6 野菜植物

由于野菜具有营养全面、无农药污染和强身健体、调节人类饮食的功能，目前已引起人们的重视，市场需求量迅速增加。因此开发利用图们江源头区域内的野菜植物，满足市场需求以增强该区域的经济实力，具有现实可行的意义。

表 4-7　图们江源头区域的野菜植物

序号	种名	序号	种名	序号	种名	序号	种名
1	问荆	65	长柱金丝桃	129	东北羊角芹	193	菊芋
2	犬问荆	66	垂果南芥	130	峨参	194	山苦菜
3	林问荆	67	山芥	131	珊瑚菜	195	苦荬菜
4	蕨	68	荠	132	东北牛防风	196	抱茎苦荬菜
5	猴腿蹄盖蕨	69	白花碎米荠	133	水芹	197	全叶马兰
6	新蹄盖蕨	70	风花菜	134	石防风	198	山马兰
7	朝鲜蛾眉蕨	71	菥蓂	135	大叶芹	199	裂叶马兰
8	荚果蕨	72	钝叶瓦松	136	前胡	200	山莴苣
9	山杨	73	狼爪瓦松	137	变豆菜	201	翼柄山莴苣
10	旱柳	74	黄花瓦松	138	紫花变豆菜	202	蹄中囊吾
11	大黄柳	75	落新妇	139	兴安杜鹃	203	狭苞囊吾
12	粉枝柳	76	朝鲜落新妇	140	迎红杜鹃	204	复序囊吾
13	嵩柳	77	山荷叶	141	黄连花	205	风毛菊
14	榛树	78	槭叶草	142	珍珠菜	206	齿叶风毛菊
15	蒙古栎	79	堇叶山梅花	143	睡菜	207	福王草
16	榆树	80	东北山梅花	144	荇菜	208	朝鲜一枝黄花
17	葎草	81	假升麻	145	萝藦	209	苣荬菜
18	珠芽艾麻	82	龙芽草	146	打碗花	210	苦苣菜
19	狭夜荨麻	83	鹅绒委陵菜	147	日本打碗花	211	兔儿伞
20	宽叶荨麻	84	委陵菜	148	宽叶打碗花	212	山牛蒡
21	苦荞	85	莓叶委陵菜	149	山茄子	213	蒲公英
22	肾叶高山蓼	86	长白蔷薇	150	附地菜	214	白花蒲公英

(续)

序号	种名	序号	种名	序号	种名	序号	种名
23	两栖蓼	87	玫瑰	151	藿香	215	东北蒲公英
24	蒿蓄蓼	88	山刺玫	152	香薷	216	野慈姑
25	叉分蓼	89	刺蔷薇	153	野芝麻	217	花蔺
26	水蓼	90	伞花蔷薇	154	细叶益母草	218	薤白
27	头状蓼	91	大白花地榆	155	大花益母草	219	单花葱
28	东方蓼	92	小白花地榆	156	益母草	220	茖葱
29	穿叶蓼	93	地榆	157	地瓜苗	221	龙须菜
30	箭叶蓼	94	野大豆	158	薄荷	222	南玉带
31	戟叶蓼	95	花木蓝	159	蓝萼香茶菜	223	金刚草
32	何首乌	96	鸡眼草	160	尾叶香茶菜	224	猪牙花
33	酸摸	97	大山黧豆	161	东北夏枯草	225	小顶冰花
34	马齿苋	98	胡枝子	162	长尾婆婆纳	226	北黄花菜
35	细梗石头花	99	苜蓿	163	车前	227	小黄花菜
36	鹅肠菜	100	草木犀	164	平车前	228	大苞萱草
37	垂梗繁缕	101	白花草木犀	165	长叶平车前	229	东北玉簪
38	藜	102	野葛	166	败酱	230	毛百合
39	刺藜	103	刺槐	167	白花败酱	231	有斑百合
40	灰绿藜	104	广布野豌豆	168	展枝沙参	232	大花百合
41	杂配藜	105	大叶野豌豆	169	薄叶荠苨	233	卷丹
42	小藜	106	歪头菜	170	轮叶沙参	234	朝鲜百合
43	地肤	107	酢浆草	171	牧根草	235	垂花百合
44	猪毛菜	108	山酢浆草	172	紫斑风铃草	236	东北百合
45	凹头苋	109	三角酢浆草	173	聚花风铃草	237	五叶黄精
46	反枝苋	110	老鹳草	174	党参	238	玉竹
47	五味子	111	毛蕊老鹳草	175	羊乳	239	小玉竹
48	驴蹄草	112	南蛇藤	176	高山蓍	240	毛筒玉竹
49	薄叶驴蹄草	113	山葡萄	177	腺梗菊	241	二苞黄精
50	兴安升麻	114	紫椴	178	牛蒡	242	长苞黄精
51	大三叶升麻	115	冬葵	179	黄花蒿	243	黄精
52	单穗升麻	116	野西瓜苗	180	茵陈蒿	244	狭叶黄精
53	辣蓼铁线莲	117	东北堇菜	181	牡蒿	245	绵枣儿
54	小叶毛茛	118	紫花堇菜	182	水蒿	246	鹿药
55	翼果唐松草	119	斑叶堇菜	183	大籽蒿	247	牛尾菜
56	箭头唐松草	120	黄花堇菜	184	紫菀	248	白背牛尾菜
57	细叶小檗	121	赤飑	185	关苍术	249	穿龙薯蓣
58	大叶小檗	122	格菱	186	朝鲜苍术	250	薯蓣
59	莲	123	月见草	187	大叶蟹甲草	251	鸭舌草
60	睡莲	124	无梗五加	188	山尖子	252	鸭趾草
61	银线草	125	刺五加	189	丝毛飞廉	253	芦苇
62	草芍药	126	辽东楤木	190	烟管蓟	254	宽叶香蒲
63	山芍药	127	东北土当归	191	屋根草	255	水葱
64	芍药	128	刺楸	192	东风菜		

4.1.6.7 饲料植物

饲料植物以禾本科和豆科的一些小草本为多，主要用作牛、羊的饲料；十字花科中的一些植物是山区居民用于饲养猪的饲料；桑等植物的叶子则广泛应用于养蚕产业。

表4-8 图们江源头区域的饲料植物

序号	种名	序号	种名	序号	种名
1	问荆	113	多茎野豌豆	225	菊芋
2	犬问荆	114	广布野豌豆	226	泥胡菜
3	林问荆	115	北野豌豆	227	阿尔泰狗娃花
4	蕨	116	东方野豌豆	228	狗哇花
5	猴腿蹄盖蕨	117	大叶野豌豆	229	线叶旋覆花
6	新蹄盖蕨	118	歪头菜	230	山苦菜
7	朝鲜蛾眉蕨	119	酢浆草	231	苦荬菜
8	苹	120	山酢浆草	232	抱茎苦荬菜
9	槐叶苹	121	三角酢浆草	233	全叶马兰
10	满江红	122	牻牛儿苗	234	山马兰
11	山杨	123	突节老鹳草	235	裂叶马兰
12	香杨	124	老鹳草	236	山莴苣
13	大青杨	125	毛蕊老鹳草	237	大丁草
14	垂柳	126	北方老鹳草	238	火绒草
15	旱柳	127	铁苋菜	239	兴安毛连菜
16	粉枝柳	128	山葡萄	240	祁州漏芦
17	三蕊柳	129	紫椴	241	草地风毛菊
18	白桦	130	糠椴	242	风毛菊
19	榛	131	冬葵	243	齿叶风毛菊
20	毛榛	132	苘麻	244	福王草
21	槲树	133	野西瓜苗	245	毛管草
22	蒙古栎	134	千屈菜	246	东北鸦葱
23	春榆	135	柳兰	247	大花千里光
24	裂叶榆	136	露珠草	248	羽叶千里光
25	榆树	137	月见草	249	麻叶千里光
26	葎草	138	狐尾藻	250	黄菀
27	桑	139	东北羊角芹	251	红轮狗舌草
28	蝎子草	140	北柴胡	252	狗舌草
29	珠芽艾麻	141	大叶柴胡	253	伪泥胡菜
30	狭叶荨麻	142	红柴胡	254	光稀莶
31	宽叶荨麻	143	鸭儿芹	255	腺梗稀莶
32	两栖蓼	144	变豆菜	256	串叶松香草
33	萹蓄蓼	145	防风	257	苣荬菜
34	卷茎蓼	146	黄连花	258	苦苣菜
35	叉分蓼	147	狼尾花	259	山牛蒡
36	水蓼	148	珍珠菜	260	蒲公英

（续）

序号	种名	序号	种名	序号	种名
37	头状蓼	149	樱草	261	白花蒲公英
38	东方蓼	150	龙胆	262	东北蒲公英
39	穿叶蓼	151	瘤毛獐牙菜	263	苍耳
40	箭叶蓼	152	睡菜	264	泽泻
41	酸模	153	白花荇菜	265	野慈姑
42	马齿苋	154	荇菜	266	眼子菜
43	卷耳	155	打碗花	267	菹草
44	细梗石头花	156	毛打碗花	268	黄花葱
45	鹅肠菜	157	日本打碗花	269	单花葱
46	光萼女娄菜	158	宽叶打碗花	270	茖葱
47	繁缕	159	菟丝子	271	球序韭
48	垂梗繁缕	160	山茄子	272	山韭
49	轴藜	161	聚合草	273	北黄花菜
50	藜	162	附地菜	274	小黄花菜
51	刺藜	163	香薷	275	有斑百合
52	灰绿藜	164	鼬瓣花	276	卷丹
53	杂配藜	165	夏至草	277	山丹
54	小藜	166	大花益母草	278	牛尾菜
55	地肤	167	益母草	279	雨久花
56	凹头苋	168	地瓜苗	280	鸭舌草
57	反枝苋	169	黄芩	281	马蔺
58	驴蹄草	170	水苏	282	紫苞鸢尾
59	薄叶驴蹄草	171	百里香	283	单花鸢尾
60	牡丹草	172	枸杞	284	灯心草
61	芡实	173	穗花马先蒿	285	鸭趾草
62	莲	174	轮叶马先蒿	286	疣草
63	萍蓬草	175	阴行草	287	谷精草
64	睡莲	176	水苦荬婆婆纳	288	远东芨芨草
65	垂果南芥	177	狸藻	289	看麦娘
66	荠	178	车前	290	荩草
67	播娘蒿	179	平车前	291	野古草
68	独行菜	180	长叶平车前	292	野燕麦
69	风花菜	181	雀斑党参	293	茵草
70	菥蓂	182	齿叶睿	294	无芒雀麦
71	钝叶瓦松	183	高山睿	295	小叶章
72	山荷叶	184	腺梗菊	296	大叶章
73	龙芽草	185	牛蒡	297	虎尾草
74	蛇莓	186	黄花蒿	298	止血马唐
75	蚊子草	187	青蒿	299	马唐

（续）

序号	种名	序号	种名	序号	种名
76	金露梅	188	艾蒿	300	野稗
77	小白花地榆	189	茵陈蒿	301	牛筋草
78	地榆	190	林艾蒿	302	老芒草
79	稠李	191	宽叶山蒿	303	大画眉草
80	东北杏	192	万年蒿	304	白茅
81	山杏	193	牡蒿	305	荻
82	田皂角	194	水蒿	306	高山梯牧草
83	豆茶决明	195	大籽蒿	307	梯牧草
84	紫穗槐	196	紫菀	308	芦苇
85	两型豆	197	关苍术	309	菵草
86	黄耆	198	朝鲜苍术	310	林地早熟禾
87	兴安黄耆	199	羽叶鬼针草	311	草地早熟禾
88	湿地黄耆	200	小花鬼针草	312	普通早熟禾
89	杭子梢	201	狼巴草	313	纤毛鹅观草
90	树锦鸡儿	202	大叶蟹甲草	314	鹅观草
91	野百合	203	山尖子	315	金狗尾草
92	东北山蚂蟥	204	丝毛飞廉	316	狗尾草
93	野大豆	205	烟管头草	317	大油芒
94	米口袋	206	金挖耳	318	菰
95	鸡眼草	207	大花金挖耳	319	菖蒲
96	牧地山黧豆	208	刺儿菜	320	浮萍
97	大山黧豆	209	大刺儿菜	321	紫萍
98	五脉山黧豆	210	野蓟	322	黑三棱
99	三脉山黧豆	211	烟管蓟	323	宽叶香蒲
100	胡枝子	212	绒背蓟	324	狭叶香蒲
101	兴安胡枝子	213	屋根草	325	水蜈蚣
102	天蓝苜蓿	214	甘菊	326	槽秆荸荠
103	苜蓿	215	野菊	327	弓嘴薹草
104	草木犀	216	紫花野菊	328	尖嘴薹草
105	白花草木犀	217	宽叶蓝刺头	329	乌拉草
106	野葛	218	鳢肠	330	宽叶薹草
107	刺槐	219	飞蓬	331	细秆羊胡子草
108	苦参	220	一年蓬	332	东方羊胡子草
109	野火球	221	山飞蓬	333	水葱
110	白车轴草	222	泽兰	334	东方藨草
111	红车轴草	223	林泽兰		
112	杂种车轴草	224	牛膝菊		

4.1.6.8 蜜源植物

图们江源头区域分布的胡枝子属、苜蓿属、木兰属、刺槐属等植物由于花多、花期长且分布普遍，具有较高的开发利用价值。

表 4-9　图们江源头区域的蜜源植物

序号	种名	序号	种名	序号	种名	序号	种名
1	沙松冷杉	69	小瓦松	137	色木槭	205	荨麻叶龙头草
2	臭冷杉	70	小花溲疏	138	青楷槭	206	大叶糙苏
3	长白落叶松	71	李叶溲疏	139	茶条槭	207	蓝萼香茶菜
4	鱼鳞云杉	72	无毛溲疏	140	花楷槭	208	毛果香茶菜
5	红皮云杉	73	东北溲疏	141	小楷槭	209	尾叶香茶菜
6	红松	74	东北山梅花	142	元宝槭	210	东北夏枯草
7	东北红豆杉	75	长白茶藨子	143	水金凤	211	毛水苏
8	胡桃楸	76	东北茶藨子	144	卫矛	212	水苏
9	钻天柳	77	尖叶茶藨子	145	瘤枝卫矛	213	枸杞
10	山杨	78	珍珠梅	146	鼠李	214	芒小米草
11	香杨	79	绣线菊	147	山葡萄	215	小米草
12	大青杨	80	毛山楂	148	紫椴	216	大野苏子马先蒿
13	垂柳	81	山楂	149	糠椴	217	返顾马先蒿
14	旱柳	82	毛山荆子	150	鸡腿堇菜	218	旌节马先蒿
15	五蕊柳	83	山荆子	151	双花堇菜	219	穗花马先蒿
16	大黄柳	84	山楂海棠	152	球果堇菜	220	轮叶马先蒿
17	粉枝柳	85	秋子梨	153	大叶堇菜	221	长尾婆婆纳
18	三蕊柳	86	水榆花楸	154	裂叶堇菜	222	轮叶腹水草
19	嵩柳	87	花楸树	155	东北堇菜	223	忍冬
20	风桦	88	蛇莓	156	紫花堇菜	224	蓝靛果忍冬
21	黑桦	89	蚊子草	157	奇异堇菜	225	单花忍冬
22	白桦	90	东方草莓	158	蒙古堇菜	226	金银忍冬
23	千金榆	91	鹅绒委陵菜	159	白花堇菜	227	金花忍冬
24	榛	92	委陵菜	160	茜堇菜	228	长白忍冬
25	毛榛	93	长白蔷薇	161	早开堇菜	229	修枝荚蒾
26	槲树	94	玫瑰	162	深山堇菜	230	鸡树条荚蒾
27	蒙古栎	95	山刺玫	163	斑叶堇菜	231	败酱
28	春榆	96	刺蔷薇	164	黄花堇菜	232	岩败酱
29	葎草	97	伞花蔷薇	165	南山堇菜	233	党参
30	桑	98	绿叶悬钩子	166	柳兰	234	桔梗
31	水蓼	99	茅莓悬钩子	167	柳叶菜	235	牛蒡
32	倒根蓼	100	库页悬钩子	168	月见草	236	黄花蒿
33	东方蓼	101	山楂叶悬钩子	169	红端木	237	丝毛飞廉
34	桃叶蓼	102	大白花地榆	170	台灯树	238	刺儿菜
35	刺蓼	103	小白花地榆	171	无梗五加	239	大刺儿菜
36	酸模	104	地榆	172	刺五加	240	屋根草
37	皱叶酸模	105	欧李	173	辽东楤木	241	野菊
38	瞿麦	106	长梗郁李	174	刺楸	242	泽兰

(续)

序号	种名	序号	种名	序号	种名	序号	种名
39	天女木兰	107	稠李	175	人参	243	林泽兰
40	五味子	108	斑叶稠李	176	大活	244	菊芋
41	侧金盏花	109	黑樱桃	177	峨参	245	泥胡菜
42	辽吉侧金盏花	110	东北杏	178	防风	246	阿尔泰狗娃花
43	多被银莲花	111	山杏	179	小叶杜鹃	247	狗哇花
44	驴蹄草	112	毛樱桃	180	兴安杜鹃	248	旋覆花
45	薄叶驴蹄草	113	东北李	181	迎红杜鹃	249	草地风毛菊
46	兴安升麻	114	山樱桃	182	越橘	250	福王草
47	大三叶升麻	115	东北扁核木	183	笃斯越橘	251	钟苞麻花头
48	单穗升麻	116	紫穗槐	184	白檀	252	伪泥胡菜
49	棉团铁线莲	117	黄耆	185	花曲柳	253	朝鲜一枝黄花
50	辣蓼铁线莲	118	野大豆	186	水曲柳	254	苣荬菜
51	翼果唐松草	119	大山黧豆	187	四季丁香	255	蒲公英
52	长瓣金莲花	120	五脉山黧豆	188	暴马丁香	256	白花蒲公英
53	短瓣金莲花	121	胡枝子	189	紫丁香	257	东北蒲公英
54	长白金莲花	122	苜蓿	190	辽东丁香	258	款冬
55	大叶小檗	123	草木犀	191	东北龙胆	259	野慈姑
56	睡莲	124	白花草木犀	192	龙胆	260	黄花葱
57	木通马兜铃	125	刺槐	193	花锚	261	猪牙花
58	草芍药	126	野火球	194	日本打碗花	262	平贝母
59	山芍药	127	白车轴草	195	宽叶打碗花	263	北黄花菜
60	芍药	128	红车轴草	196	菟丝子	264	小黄花菜
61	葛枣猕猴桃	129	杂种车轴草	197	山茄子	265	大苞萱草
62	狗枣猕猴桃	130	广布野豌豆	198	藿香	266	穿龙薯蓣
63	软枣猕猴桃	131	大叶野豌豆	199	光萼青兰	267	雨久花
64	长柱金丝桃	132	歪头菜	200	香薷	268	鸭趾草
65	白屈菜	133	叶底珠	201	野芝麻	269	大叶章
66	荠	134	黄檗	202	细叶益母草	270	宽叶香蒲
67	播娘蒿	135	盐肤木	203	大花益母草	271	狭叶香蒲
68	狼爪瓦松	136	漆树	204	益母草		

4.1.6.9 药用植物

药用植物因其植物体中含有预防和减轻疾病的成分，在日常生活中具有广泛的应用领域。图们江源头区域内药用植物众多，在合理开发的前提下相当具有开发潜力。

表 4-10　图们江源头区域的药用植物

序号	种名	序号	种名	序号	种名	序号	种名
1	石杉	210	芍药	419	刺参	628	朝鲜苍术
2	扁枝石松	211	葛枣猕猴桃	420	人参	629	柳叶鬼针草
3	东北石松	212	狗枣猕猴桃	421	东北羊角芹	630	羽叶鬼针草

（续）

序号	种名	序号	种名	序号	种名	序号	种名
4	玉柏石松	213	软枣猕猴桃	422	朝鲜当归	631	小花鬼针草
5	杉蔓石松	214	长柱金丝桃	423	黑水当归	632	狼巴草
6	卷柏	215	短柱金丝桃	424	狭叶当归	633	山尖子
7	问荆	216	乌腺金丝桃	425	大活	634	翠菊
8	犬问荆	217	地耳草	426	峨参	635	丝毛飞廉
9	林问荆	218	圆叶茅膏菜	427	北柴胡	636	烟管头草
10	木贼	219	合瓣花	428	大苞柴胡	637	金挖耳
11	温泉瓶尔小草	220	白屈菜	429	大叶柴胡	638	大花金挖耳
12	劲直假阴地蕨	221	东紫堇	430	红柴胡	639	刺儿菜
13	分株紫萁	222	齿瓣延胡索	431	毒芹	640	大刺儿菜
14	银粉背蕨	223	全叶延胡索	432	蛇床	641	野蓟
15	掌叶铁线蕨	224	巨紫堇	433	高山芹	642	烟管蓟
16	蕨	225	黄紫堇	434	长白高山芹	643	绒背蓟
17	尖齿凤丫蕨	226	东北延胡索	435	珊瑚菜	644	甘菊
18	无毛凤丫蕨	227	珠果紫堇	436	兴安牛防风	645	野菊
19	猴腿蹄盖蕨	228	荷青花	437	东北牛防风	646	紫花野菊
20	羽节蕨	229	白山罂粟	438	鸭儿芹	647	东风菜
21	过山蕨	230	野罂粟	439	辽藁本	648	鳢肠
22	东北对开蕨	231	黑水罂粟	440	水芹	649	飞蓬
23	荚果蕨	232	垂果南芥	441	香根芹	650	一年蓬
24	膀胱蕨	233	荠	442	石防风	651	泽兰
25	耳羽岩蕨	234	白花碎米荠	443	棱子芹	652	林泽兰
26	粗茎鳞毛蕨	235	播娘蒿	444	前胡	653	菊芋
27	广布鳞毛蕨	236	葶苈	445	变豆菜	654	泥胡菜
28	东北耳蕨	237	独行菜	446	紫花变豆菜	655	阿尔泰狗娃花
29	布朗耳蕨	238	风花菜	447	防风	656	狗哇花
30	三叉耳蕨	239	蔊菜	448	窃衣	657	宽叶山柳菊
31	乌苏里瓦韦	240	白八宝	449	伞形喜冬草	658	山柳菊
32	东北多足蕨	241	珠芽八宝	450	喜冬草	659	旋覆花
33	有柄石韦	242	长药八宝	451	松下兰	660	欧亚旋覆花
34	苹	243	钝叶瓦松	452	球果假水晶兰	661	线叶旋覆花
35	槐叶苹	244	狼爪瓦松	453	肾叶鹿蹄草	662	土木香
36	沙松冷杉	245	黄花瓦松	454	红花鹿蹄草	663	柳叶旋覆花
37	臭冷杉	246	长白山红景天	455	日本鹿蹄草	664	山苦菜
38	长白落叶松	247	费菜	456	细叶杜香	665	苦荬菜
39	鱼鳞云杉	248	细叶景天	457	牛皮杜鹃	666	抱茎苦荬菜
40	红皮云杉	249	扯根菜	458	照白杜鹃	667	全叶马兰
41	红松	250	落新妇	459	小叶杜鹃	668	山马兰
42	偃松	251	朝鲜落新妇	460	兴安杜鹃	669	裂叶马兰

（续）

序号	种名	序号	种名	序号	种名	序号	种名
43	赤松	252	山荷叶	461	迎红杜鹃	670	山萮苣
44	长白松	253	互叶金腰	462	越橘	671	毛脉山萮苣
45	油松	254	槭叶草	463	笃斯越橘	672	北山萮苣
46	杜松	255	梅花草	464	朝鲜越橘	673	翼柄山萮苣
47	西伯利亚刺柏	256	斑点虎耳草	465	点地梅	674	大丁草
48	朝鲜崖柏	257	小花溲疏	466	东北点地梅	675	火绒草
49	东北红豆杉	258	东北溲疏	467	黄连花	676	蹄叶橐吾
50	胡桃楸	259	堇叶山梅花	468	狼尾花	677	狭苞橐吾
51	枫杨	260	刺果茶藨	469	珍珠菜	678	复序橐吾
52	钻天柳	261	长白茶藨	470	樱草	679	同花母菊
53	山杨	262	东北茶藨	471	粉报春	680	兴安毛连菜
54	香杨	263	尖叶茶藨	472	箭报春	681	祁州漏芦
55	垂柳	264	假升麻	473	七瓣莲	682	草地风毛菊
56	旱柳	265	珍珠梅	474	玉铃花	683	风毛菊
57	五蕊柳	266	石蚕叶绣线菊	475	东北连翘	684	毛管草
58	东北赤杨	267	绣线菊	476	花曲柳	685	羽叶千里光
59	水冬瓜赤杨	268	土庄绣线菊	477	水曲柳	686	麻叶千里光
60	黑桦	269	绢毛绣线菊	478	暴马丁香	687	黄菀
61	岳桦	270	毛山楂	479	辽东丁香	688	欧洲千里光
62	白桦	271	山楂	480	东北龙胆	689	红轮狗舌草
63	千金榆	272	毛山荆子	481	龙胆	690	狗舌草
64	榛	273	山荆子	482	金刚龙胆	691	伪泥胡菜
65	毛榛	274	山楂海棠	483	鳞叶龙胆	692	光稀莶
66	槲树	275	秋子梨	484	三花龙胆	693	腺梗稀莶
67	蒙古栎	276	水榆花楸	485	白山龙胆	694	朝鲜一枝黄花
68	春榆	277	花楸树	486	扁蕾	695	苣荬菜
69	裂叶榆	278	龙芽草	487	花锚	696	苦苣菜
70	榆树	279	东北沼委陵菜	488	翼萼蔓	697	兔儿伞
71	大麻	280	槭叶蚊子草	489	瘤毛獐牙菜	698	山牛蒡
72	葎草	281	蚊子草	490	睡菜	699	蒲公英
73	桑	282	东方草莓	491	荇菜	700	白花蒲公英
74	细穗苎麻	283	鹅绒委陵菜	492	徐长卿	701	东北蒲公英
75	蝎子草	284	委陵菜	493	白薇	702	款冬
76	珠芽艾麻	285	狼牙委陵菜	494	潮风草	703	三肋果
77	透茎冷水花	286	三叶委陵菜	495	竹灵消	704	东北三肋果
78	狭叶荨麻	287	金露梅	496	萝藦	705	苍耳
79	宽叶荨麻	288	莓叶委陵菜	497	拉拉藤	706	泽泻
80	百蕊草	289	长白蔷薇	498	莲子菜	707	野慈姑
81	槲寄生	290	玫瑰	499	北方拉拉藤	708	苦草

（续）

序号	种名	序号	种名	序号	种名	序号	种名
82	苦荞	291	山刺玫	500	林拉拉藤	709	眼子菜
83	肾叶高山蓼	292	刺蔷薇	501	茜草	710	菹草
84	两栖蓼	293	伞花蔷薇	502	花葱	711	藠白
85	萹蓄蓼	294	绿叶悬钩子	503	腺毛花葱	712	苕葱
86	卷茎蓼	295	茅莓悬钩子	504	打碗花	713	球序韭
87	叉分蓼	296	北悬钩子	505	肾叶打碗花	714	山韭
88	耳叶蓼	297	库页悬钩子	506	日本打碗花	715	知母
89	水蓼	298	山楂叶悬钩子	507	宽叶打碗花	716	龙须菜
90	酸模叶蓼	299	大白花地榆	508	圆叶牵牛	717	南玉带
91	白山蓼	300	小白花地榆	509	银灰旋花	718	七筋姑
92	头状蓼	301	地榆	510	菟丝子	719	铃兰
93	倒根蓼	302	长梗郁李	511	金灯藤	720	宝珠草
94	东方蓼	303	稠李	512	山茄子	721	金刚草
95	穿叶蓼	304	斑叶稠李	513	东北鹤虱	722	猪牙花
96	桃叶蓼	305	东北杏	514	紫草	723	平贝母
97	刺蓼	306	山杏	515	聚合草	724	小顶冰花
98	箭叶蓼	307	毛樱桃	516	附地菜	725	朝鲜顶冰花
99	戟叶蓼	308	东北李	517	沼生水马齿	726	北黄花菜
100	香蓼	309	东北扁核木	518	藿香	727	小黄花菜
101	朱芽蓼	310	田皂角	519	多花筋骨草	728	大苞萱草
102	何首乌	311	豆茶决明	520	水棘针	729	东北玉簪
103	酸模	312	紫穗槐	521	风车草	730	毛百合
104	皱叶酸摸	313	两型豆	522	光萼青兰	731	有斑百合
105	马齿苋	314	黄耆	523	香薷	732	大花百合
106	卷耳	315	兴安黄耆	524	海洲香薷	733	卷丹
107	毛蕊卷耳	316	湿地黄耆	525	鼬瓣花	734	朝鲜百合
108	狗筋蔓	317	杭子梢	526	活血丹	735	大花卷丹
109	头石竹	318	树锦鸡儿	527	夏至草	736	山丹
110	石竹	319	野百合	528	野芝麻	737	垂花百合
111	瞿麦	320	东北山蚂蝗	529	细叶益母草	738	东北百合
112	头安石竹	321	羽叶山蚂蝗	530	大花益母草	739	洼瓣花
113	细梗石头花	322	野大豆	531	益母草	740	二叶舞鹤草
114	丝瓣剪秋萝	323	米口袋	532	地瓜苗	741	舞鹤草
115	浅裂剪秋萝	324	花木蓝	533	荨麻叶龙头草	742	北重楼
116	大花剪秋萝	325	鸡眼草	534	薄荷	743	五叶黄精
117	鹅肠菜	326	牧地山黧豆	535	大叶糙苏	744	玉竹
118	光萼女娄菜	327	大山黧豆	536	蓝萼香茶菜	745	小玉竹
119	蔓假繁缕	328	五脉山黧豆	537	毛果香茶菜	746	毛筒玉竹
120	孩儿参	329	三脉山黧豆	538	尾叶香茶菜	747	二苞黄精

（续）

序号	种名	序号	种名	序号	种名	序号	种名
121	肥皂草	330	胡枝子	539	东北夏枯草	748	长苞黄精
122	旱麦瓶草	331	兴安胡枝子	540	黄芩	749	黄精
123	狗筋麦瓶草	332	朝鲜槐	541	京黄芩	750	狭叶黄精
124	繁缕	333	天蓝苜蓿	542	并头黄芩	751	绵枣儿
125	王不留行	334	苜蓿	543	毛水苏	752	鹿药
126	轴藜	335	草木犀	544	水苏	753	兴安鹿药
127	藜	336	白花草木犀	545	甘露子	754	牛尾菜
128	刺藜	337	野葛	546	百里香	755	白背牛尾菜
129	灰绿藜	338	刺槐	547	毛曼陀罗	756	白花延龄草
130	杂配藜	339	苦参	548	羊金花	757	山慈姑
131	小藜	340	野火球	549	曼陀罗	758	兴安藜芦
132	地肤	341	白车轴草	550	天仙子	759	藜芦
133	猪毛菜	342	红车轴草	551	枸杞	760	毛穗藜芦
134	凹头苋	343	杂种车轴草	552	毛酸浆	761	尖被藜芦
135	反枝苋	344	多茎野豌豆	553	挂金灯	762	穿龙薯蓣
136	天女木兰	345	广布野豌豆	554	龙葵	763	薯蓣
137	五味子	346	北野豌豆	555	假酸浆	764	雨久花
138	两色乌头	347	东方野豌豆	556	地黄	765	鸭舌草
139	黄花乌头	348	大叶野豌豆	557	芒小米草	766	射干
140	弯枝乌头	349	歪头菜	558	小米草	767	野鸢尾
141	吉林乌头	350	酢浆草	559	柳穿鱼	768	山鸢尾
142	北乌头	351	山酢浆草	560	通泉草	769	马蔺
143	高山乌头	352	三角酢浆草	561	山萝花	770	紫苞鸢尾
144	长白乌头	353	牻牛儿苗	562	狭叶山萝花	771	单花鸢尾
145	草地乌头	354	突节老鹳草	563	返顾马先蒿	772	溪荪
146	蔓乌头	355	鼠掌老鹳草	564	穗花马先蒿	773	玉蝉花
147	类叶升麻	356	老鹳草	565	轮叶马先蒿	774	燕子花
148	红果类叶升麻	357	毛蕊老鹳草	566	松蒿	775	灯心草
149	侧金盏花	358	北方老鹳草	567	北玄参	776	鸭趾草
150	二歧银莲花	359	线裂老鹳草	568	阴行草	777	疣草
151	多被银莲花	360	兴安老鹳草	569	水苦荬婆婆纳	778	谷精草
152	黑水银莲花	361	朝鲜老鹳草	570	长尾婆婆纳	779	看麦娘
153	阴地银莲花	362	蒺藜	571	蚊母婆婆纳	780	茵草
154	反萼银莲花	363	亚麻	572	细叶婆婆纳	781	野古草
155	耧斗菜	364	铁苋菜	573	轮叶腹水草	782	野燕麦
156	尖萼耧斗菜	365	叶底珠	574	梓树	783	茵草
157	长白耧斗菜	366	白鲜	575	角蒿	784	虎尾草
158	驴蹄草	367	黄檗	576	草苁蓉	785	止血马唐
159	薄叶驴蹄草	368	盐肤木	577	列当	786	马唐

（续）

序号	种名	序号	种名	序号	种名	序号	种名
160	兴安升麻	369	漆树	578	黄花列当	787	野稗
161	大三叶升麻	370	瓜子金	579	黄筒花	788	牛筋草
162	单穗升麻	371	远志	580	狸藻	789	大画眉草
163	卷萼铁线莲	372	色木槭	581	透骨草	790	白茅
164	转子莲	373	茶条槭	582	车前	791	荻
165	棉团铁线莲	374	花楷槭	583	平车前	792	高山梯牧草
166	辣蓼铁线莲	375	髭脉槭	584	长叶平车前	793	芦苇
167	褐毛铁线莲	376	梣叶槭	585	二花六道木	794	藕草
168	齿叶铁线莲	377	元宝槭	586	忍冬	795	林地早熟禾
169	林地铁线莲	378	水金凤	587	金银忍冬	796	草地早熟禾
170	朝鲜铁线莲	379	东北凤仙花	588	金花忍冬	797	纤毛鹅观草
171	高山铁线莲	380	刺苞南蛇藤	589	接骨木	798	鹅观草
172	长瓣铁线莲	381	南蛇藤	590	鸡树条荚蒾	799	金狗尾草
173	宽苞翠雀	382	卫矛	591	朝鲜荚蒾	800	狗尾草
174	翠雀	383	白杜	592	锦带花	801	大油芒
175	獐耳细辛	384	瘤枝卫矛	593	败酱	802	菰
176	东北扁果草	385	东北雷公藤	594	岩败酱	803	菖蒲
177	白头翁	386	省沽油	595	白花败酱	804	天南星
178	兴安白头翁	387	鼠李	596	黑水缬草	805	东北天南星
179	朝鲜白头翁	388	爬山虎	597	缬草	806	朝鲜天南星
180	毛茛	389	五叶地锦	598	东北蓝盆花	807	水芋
181	石龙芮	390	山葡萄	599	展枝沙参	808	臭菘
182	茴茴蒜	391	蛇葡萄	600	薄叶荠苨	809	日本臭菘
183	匍枝毛茛	392	白蔹	601	轮叶沙参	810	半夏
184	小叶毛茛	393	紫椴	602	牧根草	811	浮萍
185	翼果唐松草	394	糠椴	603	紫斑风铃草	812	紫萍
186	箭头唐松草	395	冬葵	604	聚花风铃草	813	小黑三棱
187	展枝唐松草	396	苘麻	605	党参	814	黑三棱
188	深山唐松草	397	野西瓜苗	606	羊乳	815	密序黑三棱
189	长瓣金莲花	398	长白瑞香	607	雀斑党参	816	小香蒲
190	短瓣金莲花	399	沙棘	608	山梗菜	817	宽叶香蒲
191	金莲花	400	盒子草	609	桔梗	818	狭叶香蒲
192	长白金莲花	401	裂瓜	610	齿叶薯	819	水蜈蚣
193	细叶小檗	402	赤瓟	611	高山薯	820	宽叶薹草
194	大叶小檗	403	千屈菜	612	猫儿菊	821	水葱
195	类叶牡丹	404	柳兰	613	腺梗菊	822	斑花杓兰
196	朝鲜淫羊藿	405	露珠草	614	牛蒡	823	大花杓兰
197	鲜黄连	406	柳叶菜	615	黄花蒿	824	杓兰
198	蝙蝠葛	407	月见草	616	青蒿	825	天麻

序号	种名	序号	种名	序号	种名	序号	种名
199	芡实	408	狐尾藻	617	艾蒿	826	小斑叶兰
200	莲	409	杉叶藻	618	茵陈蒿	827	手参
201	萍蓬草	410	瓜木	619	林艾蒿	828	曲瓣羊耳蒜
202	睡莲	411	草茱萸	620	万年蒿	829	北方羊耳蒜
203	银线草	412	红端木	621	牡蒿	830	山兰
204	北马兜铃	413	台灯树	622	庵蒿	831	二叶舌唇兰
205	木通马兜铃	414	无梗五加	623	水蒿	832	广布红门兰
206	辽细辛	415	刺五加	624	大籽蒿	833	绶草
207	汉城细辛	416	辽东楤木	625	紫菀	834	小花蜻蜓兰
208	草芍药	417	东北土当归	626	三脉紫菀		
209	山芍药	418	刺楸	627	关苍术		

4.1.6.10　鞣料植物

鞣料植物富含丹宁，经提取后商品名为栲胶，是皮革工业、渔网制造业不可缺少的重要原料，又是蒸汽锅炉的硬水软化剂，并在墨水、纺织印染、石油、化工医药、建筑等行业有着广泛的用途。

表4-11　图们江源头区域的鞣料植物

序号	种名	序号	种名	序号	种名	序号	种名
1	木贼	34	裂叶榆	67	东北沼委陵菜	100	髭脉槭
2	分株紫萁	35	榆树	68	蚊子草	101	小楷槭
3	蕨	36	狭夜荨麻	69	鹅绒委陵菜	102	紫花槭
4	粗茎鳞毛蕨	37	叉分蓼	70	委陵菜	103	东北槭
5	沙松冷杉	38	倒根蓼	71	金露梅	104	三花槭
6	臭冷杉	39	桃叶蓼	72	长白蔷薇	105	卫矛
7	长白落叶松	40	酸模	73	玫瑰	106	瘤枝卫矛
8	鱼鳞云杉	41	皱叶酸模	74	山刺玫	107	鼠李
9	红皮云杉	42	繁缕	75	刺蔷薇	108	蛇葡萄
10	红松	43	北乌头	76	大白花地榆	109	紫椴
11	油松	44	类叶升麻	77	小白花地榆	110	糠椴
12	东北红豆杉	45	兴安升麻	78	地榆	111	沙棘
13	胡桃楸	46	单穗升麻	79	稠李	112	柳兰
14	枫杨	47	辣蓼铁线莲	80	斑叶稠李	113	红端木
15	钻天柳	48	展枝唐松草	81	东北杏	114	台灯树
16	山杨	49	草芍药	82	山杏	115	刺楸
17	香杨	50	山芍药	83	朝鲜槐	116	越橘
18	垂柳	51	芍药	84	牻牛儿苗	117	宽叶打碗花
19	旱柳	52	长柱金丝桃	85	鼠掌老鹳草	118	东北鹤虱
20	五蕊柳	53	白八宝	86	毛蕊老鹳草	119	野芝麻
21	三蕊柳	54	费菜	87	朝鲜老鹳草	120	地瓜苗
22	蒿柳	55	细叶景天	88	亚麻	121	山尖子

（续）

序号	种名	序号	种名	序号	种名	序号	种名
23	水冬瓜赤杨	56	扯根菜	89	地锦	122	大刺儿菜
24	风桦	57	落新妇	90	斑地锦	123	鳢肠
25	黑桦	58	山荷叶	91	林大戟	124	一年蓬
26	岳桦	59	刺果茶藨	92	东北大戟	125	旋覆花
27	白桦	60	长白茶藨	93	狼毒大戟	126	线叶旋覆花
28	千金榆	61	东北茶藨	94	盐肤木	127	山莴苣
29	榛	62	楔叶茶藨	95	漆树	128	翼柄山莴苣
30	毛榛	63	假升麻	96	色木槭	129	蹄叶橐吾
31	槲树	64	珍珠梅	97	青楷槭	130	黄精
32	蒙古栎	65	水榆花楸	98	茶条槭		
33	春榆	66	龙芽草	99	花楷槭		

4.1.6.11 纤维植物

纤维植物的茎皮、木质部、叶等器官或组织纤维发达，可用以制麻、编织或加工成为纺织、造纸的原料。

表4-12 图们江源头区域的纤维植物

序号	种名	序号	种名	序号	种名
1	蕨	38	五味子	75	菊芋
2	沙松冷杉	39	紫穗槐	76	知母
3	臭冷杉	40	花木蓝	77	射干
4	长白落叶松	41	朝鲜槐	78	山鸢尾
5	鱼鳞云杉	42	野葛	79	马蔺
6	红皮云杉	43	刺槐	80	紫苞鸢尾
7	红松	44	苦参	81	单花鸢尾
8	杜松	45	亚麻	82	溪荪
9	朝鲜崖柏	46	叶底珠	83	玉蝉花
10	东北红豆杉	47	黄檗	84	燕子花
11	胡桃楸	48	色木槭	85	长白鸢尾
12	枫杨	49	青楷槭	86	灯心草
13	钻天柳	50	茶条槭	87	谷精草
14	山杨	51	花楷槭	88	远东芨芨草
15	香杨	52	髭脉槭	89	野古草
16	大青杨	53	小楷槭	90	小叶章
17	垂柳	54	紫花槭	91	大叶章
18	旱柳	55	东北槭	92	老芒草
19	五蕊柳	56	梣叶槭	93	荻
20	大黄柳	57	三花槭	94	芦苇
21	粉枝柳	58	元宝槭	95	䅟草
22	三蕊柳	59	刺苞南蛇藤	96	大油芒

（续）

序号	种名	序号	种名	序号	种名
23	嵩柳	60	南蛇藤	97	菰
24	风桦	61	东北雷公藤	98	黑三棱
25	黑桦	62	紫椴	99	密序黑三棱
26	岳桦	63	糠椴	100	小香蒲
27	白桦	64	苘麻	101	宽叶香蒲
28	蒙古栎	65	长白瑞香	102	狭叶香蒲
29	榆树	66	柳兰	103	水蜈蚣
30	大麻	67	月见草	104	槽秆荸荠
31	葎草	68	花曲柳	105	尖嘴薹草
32	桑	69	水曲柳	106	乌拉草
33	细穗苎麻	70	萝藦	107	细秆羊胡子草
34	蝎子草	71	二花六道木	108	东方羊胡子草
35	珠芽艾麻	72	修枝荚蒾	109	水葱
36	狭夜荨麻	73	朝鲜荚蒾	110	东方藨草
37	宽叶荨麻	74	黄花蒿		

4.1.6.12 用材植物

图们江源头区域内的用材植物在区内林业生产经营方面占据重要位置，同时，在森林生态系统的建立和结构功能等方面也具有主导作用。

表4-13 图们江源头区域的用材植物

序号	种名	序号	种名	序号	种名	序号	种名
1	沙松冷杉	24	三蕊柳	47	秋子梨	70	东北槭
2	臭冷杉	25	嵩柳	48	水榆花楸	71	梣叶槭
3	长白落叶松	26	东北赤杨	49	花楸树	72	三花槭
4	鱼鳞云杉	27	水冬瓜赤杨	50	稠李	73	元宝槭
5	红皮云杉	28	风桦	51	斑叶稠李	74	卫矛
6	红松	29	黑桦	52	黑樱桃	75	翅卫矛
7	偃松	30	岳桦	53	东北杏	76	瘤枝卫矛
8	赤松	31	白桦	54	山杏	77	东北雷公藤
9	长白松	32	千金榆	55	东北李	78	鼠李
10	油松	33	榛	56	山樱桃	79	紫椴
11	杜松	34	毛榛	57	东北扁核木	80	糠椴
12	朝鲜崖柏	35	槲树	58	朝鲜槐	81	台灯树
13	东北红豆杉	36	蒙古栎	59	刺槐	82	辽东楤木
14	胡桃楸	37	榆树	60	黄檗	83	刺楸
15	枫杨	38	桑	61	盐肤木	84	玉铃花
16	钻天柳	39	天女木兰	62	漆树	85	白檀
17	山杨	40	大叶小檗	63	色木槭	86	花曲柳
18	香杨	41	东北山梅花	64	青楷槭	87	水曲柳
19	大青杨	42	毛山楂	65	茶条槭	88	暴马丁香
20	垂柳	43	山楂	66	花楷槭	89	接骨木
21	旱柳	44	毛山荆子	67	髭脉槭	90	宽叶蓝刺头
22	大黄柳	45	山荆子	68	小楷槭		
23	粉枝柳	46	山楂海棠	69	紫花槭		

4.1.6.13 园林绿化观赏植物

图们江源头区域内可供园林绿化观赏栽培的植物种类较多，其中虎耳草、棣棠花等种类在园林栽培上已具有较长的历史，也有一些观赏价值较高，但尚未被人们认知的种类，如乌头、马先蒿等种类，还有待于进一步开发。

表4-14　图们江源头区域的观赏植物

序号	种名	序号	种名	序号	种名	序号	种名
1	石杉	174	辽细辛	347	鸡腿堇菜	520	败酱
2	扁枝石松	175	汉城细辛	348	双花堇菜	521	岩败酱
3	东北石松	176	草芍药	349	大叶堇菜	522	白花败酱
4	玉柏石松	177	山芍药	350	裂叶堇菜	523	黑水缬草
5	杉蔓石松	178	芍药	351	溪堇菜	524	缬草
6	卷柏	179	葛枣猕猴桃	352	凤凰堇菜	525	东北蓝盆花
7	问荆	180	狗枣猕猴桃	353	东北堇菜	526	展枝沙参
8	犬问荆	181	软枣猕猴桃	354	紫花堇菜	527	薄叶荠苨
9	林问荆	182	长柱金丝桃	355	奇异堇菜	528	轮叶沙参
10	木贼	183	短柱金丝桃	356	蒙古堇菜	529	牧根草
11	温泉瓶尔小草	184	乌腺金丝桃	357	茜堇菜	530	紫斑风铃草
12	劲直假阴地蕨	185	圆叶茅膏菜	358	库页堇菜	531	聚花风铃草
13	分株紫萁	186	合瓣花	359	早开堇菜	532	党参
14	银粉背蕨	187	白屈菜	360	深山堇菜	533	羊乳
15	掌叶铁线蕨	188	东紫堇	361	斑叶堇菜	534	雀斑党参
16	蕨	189	齿瓣延胡索	362	黄花堇菜	535	桔梗
17	尖齿凤丫蕨	190	全叶延胡索	363	南山堇菜	536	猫儿菊
18	无毛凤丫蕨	191	巨紫堇	364	毛柄堇菜	537	紫菀
19	猴腿蹄盖蕨	192	黄紫堇	365	朝鲜堇菜	538	三脉紫菀
20	新蹄盖蕨	193	东北延胡索	366	盒子草	539	柳叶鬼针草
21	羽节蕨	194	珠果紫堇	367	裂瓜	540	翠菊
22	过山蕨	195	荷青花	368	赤瓟	541	大刺儿菜
23	东北对开蕨	196	白山罂粟	369	千屈菜	542	野蓟
24	荚果蕨	197	野罂粟	370	格菱	543	烟管蓟
25	球子蕨	198	黑水罂粟	371	柳兰	544	林蓟
26	膀胱蕨	199	伏水碎米荠	372	柳叶菜	545	绒背蓟
27	耳羽岩蕨	200	白花碎米荠	373	月见草	546	屋根草
28	大囊岩蕨	201	翼柄碎米荠	374	狐尾藻	547	甘菊
29	粗茎鳞毛蕨	202	细叶碎米荠	375	杉叶藻	548	野菊
30	东北亚鳞毛蕨	203	花旗竿	376	瓜木	549	紫花野菊
31	广布鳞毛蕨	204	香芥	377	草茱萸	550	东风菜
32	东北耳蕨	205	黄花大蒜芥	378	红端木	551	宽叶蓝刺头
33	布朗耳蕨	206	长药八宝	379	台灯树	552	飞蓬
34	三叉耳蕨	207	钝叶瓦松	380	无梗五加	553	一年蓬
35	乌苏里瓦韦	208	狼爪瓦松	381	刺五加	554	山飞蓬

（续）

序号	种名	序号	种名	序号	种名	序号	种名
36	东北多足蕨	209	小瓦松	382	辽东楤木	555	黑心金光菊
37	有柄石韦	210	高山红景天	383	刺楸	556	菊芋
38	苹	211	藓状景天	384	刺参	557	阿尔泰狗娃花
39	槐叶苹	212	细叶景天	385	人参	558	狗哇花
40	满江红	213	扯根菜	386	朝鲜当归	559	旋覆花
41	沙松冷杉	214	落新妇	387	黑水当归	560	欧亚旋覆花
42	臭冷杉	215	朝鲜落新妇	388	毒芹	561	线叶旋覆花
43	长白落叶松	216	山荷叶	389	伞形喜冬草	562	土木香
44	鱼鳞云杉	217	互叶金腰	390	喜冬草	563	柳叶旋覆花
45	红皮云杉	218	林金腰	391	独丽花	564	山苦菜
46	红松	219	槭叶草	392	肾叶鹿蹄草	565	全叶马兰
47	偃松	220	梅花草	393	红花鹿蹄草	566	山马兰
48	赤松	221	斑点虎耳草	394	日本鹿蹄草	567	裂叶马兰
49	长白松	222	小花溲疏	395	红北极果	568	山莴苣
50	油松	223	李叶溲疏	396	细叶杜香	569	毛脉山莴苣
51	杜松	224	无毛溲疏	397	松毛翠	570	大丁草
52	西伯利亚刺柏	225	东北溲疏	398	牛皮杜鹃	571	火绒草
53	兴安圆柏	226	堇叶山梅花	399	短果杜鹃	572	蹄叶囊吾
54	朝鲜崖柏	227	刺果茶藨子	400	大字杜鹃	573	狭苞囊吾
55	东北红豆杉	228	长白茶藨子	401	照白杜鹃	574	复序囊吾
56	胡桃楸	229	东北茶藨子	402	小叶杜鹃	575	同花母菊
57	枫杨	230	尖叶茶藨子	403	毛毡杜鹃	576	长白蜂斗菜
58	钻天柳	231	楔叶茶藨字	404	兴安杜鹃	577	祁州漏芦
59	山杨	232	矮茶藨子	405	迎红杜鹃	578	朝鲜蒲儿根
60	香杨	233	刺腺茶藨子	406	越橘	579	高岭风毛菊
61	大青杨	234	假升麻	407	笃斯越橘	580	草地风毛菊
62	垂柳	235	齿叶白鹃梅	408	东北点地梅	581	风毛菊
63	旱柳	236	风箱果	409	黄连花	582	毛管草
64	水冬瓜赤杨	237	东北绣线梅	410	狼尾花	583	东北鸦葱
65	风桦	238	珍珠梅	411	珍珠菜	584	大花千里光
66	岳桦	239	石蚕叶绣线菊	412	球尾菜	585	羽叶千里光
67	白桦	240	绣线菊	413	樱草	586	麻叶千里光
68	千金榆	241	土庄绣线菊	414	粉报春	587	黄菀
69	榆树	242	绢毛绣线菊	415	箭报春	588	红轮狗舌草
70	桑	243	毛山楂	416	肾叶报春	589	狗舌草
71	槲寄生	244	山楂	417	七瓣莲	590	钟苞麻花头
72	肾叶高山蓼	245	毛山荆子	418	玉铃花	591	伪泥胡菜
73	两栖蓼	246	山荆子	419	白檀	592	串叶松香草
74	耳叶蓼	247	山楂海棠	420	东北连翘	593	朝鲜一枝黄花

（续）

序号	种名	序号	种名	序号	种名	序号	种名
75	白山蔢	248	秋子梨	421	四季丁香	594	苣荬菜
76	倒根蔢	249	水榆花楸	422	暴马丁香	595	兔儿伞
77	东方蔢	250	花楸树	423	紫丁香	596	蒲公英
78	戟叶蔢	251	东北沼委陵菜	424	辽东丁香	597	白花蒲公英
79	朱芽蔢	252	蛇莓	425	东北龙胆	598	东北蒲公英
80	毛蕊卷耳	253	槭叶蚊子草	426	龙胆	599	款冬
81	高山卷耳	254	蚊子草	427	金刚龙胆	600	三肋果
82	头石竹	255	东方草莓	428	鳞叶龙胆	601	东北三肋果
83	石竹	256	鹅绒委陵菜	429	三花龙胆	602	泽泻
84	瞿麦	257	假雪委陵菜	430	白山龙胆	603	野慈姑
85	头安石竹	258	金露梅	431	扁蕾	604	花蔺
86	细梗石头花	259	莓叶委陵菜	432	花锚	605	水车前
87	丝瓣剪秋萝	260	长白蔷薇	433	翼萼蔓	606	茖葱
88	浅裂剪秋萝	261	玫瑰	434	瘤毛獐牙菜	607	球序韭
89	大花剪秋萝	262	山刺玫	435	卵叶獐牙菜	608	山韭
90	石米努草	263	刺蔷薇	436	睡菜	609	龙须菜
91	蔓假繁缕	264	伞花蔷薇	437	白花荇菜	610	南玉带
92	孩儿参	265	绿叶悬钩子	438	荇菜	611	七筋姑
93	狭叶假繁缕	266	茅莓悬钩子	439	白薇	612	铃兰
94	肥皂草	267	北悬钩子	440	萝藦	613	金刚草
95	旱麦瓶草	268	库页悬钩子	441	卵叶车叶草	614	猪牙花
96	朝鲜麦瓶草	269	山楂叶悬钩子	442	莲子菜	615	平贝母
97	狗筋麦瓶草	270	大白花地榆	443	北方拉拉藤	616	小顶冰花
98	垂梗繁缕	271	小白花地榆	444	林拉拉藤	617	朝鲜顶冰花
99	王不留行	272	地榆	445	花蕊	618	三花顶冰花
100	地肤	273	林石草	446	腺毛花蕊	619	北黄花菜
101	天女木兰	274	稠李	447	打碗花	620	小黄花菜
102	五味子	275	斑叶稠李	448	毛打碗花	621	大苞萱草
103	三桠乌药	276	黑樱桃	449	肾叶打碗花	622	东北玉簪
104	两色乌头	277	东北杏	450	日本打碗花	623	毛百合
105	黄花乌头	278	山杏	451	宽叶打碗花	624	有斑百合
106	弯枝乌头	279	毛樱桃	452	圆叶牵牛	625	大花百合
107	吉林乌头	280	东北李	453	银灰旋花	626	卷丹
108	北乌头	281	山樱桃	454	中国旋花	627	朝鲜百合
109	高山乌头	282	东北扁核木	455	山茄子	628	大花卷丹
110	长白乌头	283	紫穗槐	456	湿地勿忘草	629	山丹
111	草地乌头	284	兴安黄耆	457	藿香	630	垂花百合
112	蔓乌头	285	杭子梢	458	多花筋骨草	631	东北百合
113	类叶升麻	286	花木蓝	459	风车草	632	洼瓣花

（续）

序号	种名	序号	种名	序号	种名	序号	种名
114	红果类叶升麻	287	牧地山黧豆	460	光萼青兰	633	二叶舞鹤草
115	侧金盏花	288	大山黧豆	461	野芝麻	634	舞鹤草
116	辽吉侧金盏花	289	五脉山黧豆	462	细叶益母草	635	北重楼
117	二歧银莲花	290	三脉山黧豆	463	大花益母草	636	玉竹
118	多被银莲花	291	朝鲜槐	464	益母草	637	小玉竹
119	黑水银莲花	292	野葛	465	荨麻叶龙头草	638	丝梗扭柄花
120	阴地银莲花	293	刺槐	466	高山糙苏	639	长白岩菖蒲
121	反萼银莲花	294	苦参	467	尾叶香茶菜	640	白花延龄草
122	细茎银莲花	295	野火球	468	东北夏枯草	641	山慈姑
123	耧斗菜	296	白车轴草	469	黄芩	642	毛穗藜芦
124	尖萼耧斗菜	297	红车轴草	470	并头黄芩	643	尖被藜芦
125	长白耧斗菜	298	杂种车轴草	471	毛水苏	644	穿龙薯蓣
126	驴蹄草	299	多茎野豌豆	472	水苏	645	雨久花
127	薄叶驴蹄草	300	广布野豌豆	473	甘露子	646	鸭舌草
128	兴安升麻	301	北野豌豆	474	百里香	647	射干
129	大三叶升麻	302	东方野豌豆	475	毛曼陀罗	648	野鸢尾
130	单穗升麻	303	大叶野豌豆	476	羊金花	649	五台山鸢尾
131	卷萼铁线莲	304	歪头菜	477	曼陀罗	650	山鸢尾
132	转子莲	305	酢浆草	478	天仙子	651	马蔺
133	棉团铁线莲	306	山酢浆草	479	挂金灯	652	紫苞鸢尾
134	辣蓼铁线莲	307	三角酢浆草	480	假酸浆	653	单花鸢尾
135	褐毛铁线莲	308	毛蕊老鹳草	481	地黄	654	溪荪
136	齿叶铁线莲	309	北方老鹳草	482	柳穿鱼	655	玉蝉花
137	林地铁线莲	310	线裂老鹳草	483	山萝花	656	燕子花
138	朝鲜铁线莲	311	兴安老鹳草	484	狭叶山萝花	657	长白鸢尾
139	高山铁线莲	312	朝鲜老鹳草	485	大野苏子马先蒿	658	灯心草
140	长瓣铁线莲	313	东北大戟	486	返顾马先蒿	659	芦苇
141	宽苞翠雀	314	白鲜	487	旌节马先蒿	660	菖蒲
142	翠雀	315	黄檗	488	穗花马先蒿	661	天南星
143	拟扁果草	316	盐肤木	489	轮叶马先蒿	662	东北天南星
144	菟葵	317	漆树	490	松蒿	663	朝鲜天南星
145	獐耳细辛	318	色木槭	491	阴行草	664	水芋
146	东北扁果草	319	青楷槭	492	石蚕叶婆婆纳	665	臭菘
147	白头翁	320	茶条槭	493	长尾婆婆纳	666	日本臭菘
148	兴安白头翁	321	花楷槭	494	细叶婆婆纳	667	宽叶香蒲
149	朝鲜白头翁	322	髭脉槭	495	轮叶腹水草	668	狭叶香蒲
150	毛茛	323	小楷槭	496	管花腹水草	669	槽秆荸荠
151	深山毛茛	324	紫花槭	497	梓树	670	细秆羊胡子草
152	匍枝毛茛	325	东北槭	498	角蒿	671	东方羊胡子草

(续)

序号	种名	序号	种名	序号	种名	序号	种名
153	小叶毛茛	326	梣叶槭	499	狸藻	672	水葱
154	长叶水毛茛	327	三花槭	500	二花六道木	673	布袋兰
155	翼果唐松草	328	元宝槭	501	北极花	674	长苞头蕊兰
156	长瓣金莲花	329	东北凤仙花	502	忍冬	675	斑花杓兰
157	短瓣金莲花	330	省沽油	503	蓝靛果忍冬	676	大花杓兰
158	金莲花	331	南蛇藤	504	早花忍冬	677	紫铃杓兰
159	长白金莲花	332	卫矛	505	单花忍冬	678	黄囊杓兰
160	细叶小檗	333	白杜	506	金银忍冬	679	小斑叶兰
161	大叶小檗	334	翅卫矛	507	金花忍冬	680	手参
162	类叶牡丹	335	瘤枝卫矛	508	长白忍冬	681	曲瓣羊耳蒜
163	朝鲜淫羊藿	336	东北雷公藤	509	紫花忍冬	682	北方羊耳蒜
164	鲜黄连	337	爬山虎	510	毛脉黑忍冬	683	山兰
165	牡丹草	338	五叶地锦	511	接骨木	684	二叶舌唇兰
166	蝙蝠葛	339	山葡萄	512	腋花荚蒾	685	广布红门兰
167	芡实	340	蛇葡萄	513	修枝荚蒾	686	绶草
168	莲	341	紫椴	514	鸡树条荚蒾	687	蜻蜓兰属
169	萍蓬草	342	糠椴	515	朝鲜荚蒾	688	小花蜻蜓兰
170	睡莲	343	野西瓜苗	516	锦带花		
171	银线草	344	长白瑞香	517	早锦带花		
172	北马兜铃	345	沙棘	518	五福花		
173	木通马兜铃	346	蚊母婆婆纳	519	小香蒲		

4.2　珍稀濒危及特有植物

4.2.1　种类及数量

图们江源头区域的维管植物中，共有珍稀濒危野生植物 58 种。

被《国家重点保护野生植物名录（第一批）》收录的有 10 种。

Ⅰ级 2 种：长白松、东北红豆杉（紫杉）。

Ⅱ级 8 种：东北对开蕨、红松、朝鲜崖柏、钻天柳、野大豆、紫椴、黄檗、水曲柳。

被《国家重点保护野生植物名录（第二批）》讨论稿收录有 45 种。

Ⅰ级 5 种：人参、紫点杓兰、大花杓兰、杓兰、山西杓兰。

Ⅱ级 40 种：布袋兰、凹舌兰、细毛火烧兰、小斑叶兰、手参、十字兰、密花舌唇兰、羊耳蒜、大二叶兰、小柱兰、小燕巢兰、大燕巢兰、山兰、小花蜻蜓兰、大叶长距兰、天麻、绶草、刺参、刺五加、山芍药、草芍药、芍药、东北茶藨子、玫瑰、山楂海棠、葛枣猕猴桃、狗枣猕猴桃、软枣猕猴桃、天南星、东北天南星、朝鲜天南星、关木通、黄耆、北重楼、垂花百合、五味子、青蒿、穿龙薯蓣、草苁蓉、牛皮杜鹃。

被《中国植物红皮书》收录的有 19 种。

Ⅰ级1种：人参

Ⅱ级3种：东北对开蕨、刺参、山楂海棠

Ⅲ级15种：长白松、朝鲜崖柏、钻天柳、野大豆、黄檗、水曲柳、天麻、刺五加、玫瑰、黄耆、草苁蓉、牛皮杜鹃、松毛翠、胡桃楸、天女木兰。

被《濒危野生动植物种国际贸易公约》(华盛顿公约，CITES)收录的有23种，包括人参、东北红豆杉和兰科全部(21种)。

这些珍稀植物构成了图们江源头区域特有的绿色植物世界，使其成为难得的生物遗传基因贮存库。因此，该区域在保护生物多样性，特别是珍稀濒危物种方面，发挥着不可替代的重要作用。

表4-15 图们江源头区域国家重点保护野生植物与珍稀濒危植物一览表

序号	中文名	学名	科名	国家重点保护野生植物名录（第一批）	国家重点保护野生植物名录（第二批）讨论稿	中国植物红皮书
1	东北对开蕨	*Phyllitis japonica* Kom.	铁角蕨科	Ⅱ		Ⅲ
2	长白松	*Pinus sylvestris* L. var. *sylvestriformis* (Takenouchi) Cheng et C. D. Chu	松科	Ⅰ		Ⅲ
3	东北红豆杉（紫杉）*	*Taxus cuspidata* Sieb. et Zucc.	红豆杉科	Ⅰ		
4	红松	*Pinus koraiensis* Sieb.	松科	Ⅱ		
5	朝鲜崖柏	*Thuja koraiensis* Nakai	柏科	Ⅱ		Ⅲ
6	钻天柳	*Chosenia arbutifolia*	杨柳科	Ⅱ		Ⅲ
7	野大豆	*Glycine soja* Sieb. et Zucc.	豆科	Ⅱ		Ⅲ
8	紫椴	*Tilia amurensis* Rupr	椴树科	Ⅱ		
9	黄檗	*Phellodendron amurense* Rupr.	芸香科	Ⅱ		Ⅲ
10	水曲柳	*Fraxinus mandshurica* Rupr.	木犀科	Ⅱ		Ⅲ
11	紫点杓兰*	*Cypripedium guttatum* Sw.	兰科		Ⅰ	
12	大花杓兰*	*Cypripedium macranthum* Sw.	兰科		Ⅰ	
13	山西杓兰*	*Cypripedium shanxiense* S. C. Chen	兰科		Ⅰ	
14	杓兰*	*Cypripedium calceolus* L.	兰科		Ⅰ	
15	布袋兰*	*Calypso bulbosa* (L.) Oakes	兰科		Ⅱ	
16	凹舌兰*	*Coeloglossum viride* (L.) Hartm.	兰科		Ⅱ	
17	细毛火烧兰*	*Epipactis papillosa* Franch et Sav.	兰科		Ⅱ	
18	小斑叶兰*	*Goodyera repens* (L.) R. Br	兰科		Ⅱ	
19	手参*	*Gymnadenia conopsea* (L.) R. Br.	兰科		Ⅱ	
20	十字兰*	*Habenaria sagittifera* Rchb.	兰科		Ⅱ	
21	密花舌唇兰*	*Platanthera hologlottis* Maxim.	兰科		Ⅱ	
22	羊耳蒜*	*Liparis japonica* (Miq.) Maxim.	兰科		Ⅱ	
23	大二叶兰*	*Listera major* Nakia	兰科		Ⅱ	
24	小柱兰*	*Microstylis monophyllos* (L.) Lindl.	兰科		Ⅱ	
25	小燕巢兰*	*Neottia asiatica* Ohwi	兰科		Ⅱ	
26	大燕巢兰*	*Neottia Platanthera* Schlechter	兰科		Ⅱ	
27	山兰*	*Oreorchis patens* Lindl.	兰科		Ⅱ	
28	小花蜻蜓兰*	*Tulotis ussuriensis* (Maxim.) Schlechter	兰科		Ⅱ	
29	大叶长距兰*	*Platanthera Freynii* Kranzlin	兰科		Ⅱ	
30	天麻*	*Gastrodia elata* Bl.	兰科		Ⅱ	Ⅲ

（续）

序号	中文名	学名	科名	国家重点保护野生植物名录（第一批）	国家重点保护野生植物名录（第二批）讨论稿	中国植物红皮书
31	绶草*	*Spiranthes sinensis*（Pers.）Ames	兰科		II	
32	人参*	*Panax ginseng* C. A. Mey.	五加科		I	I
33	刺参	*Oplopanax elatus* Nakai	五加科		II	III
34	刺五加	*Acanthopanax senticosus*（Rupr. & Maxim.）Harms.	五加科		II	III
35	山芍药	*Paeonia japonica*	毛茛科		II	
36	草芍药	*Paeonia obovata* Maxim.	毛茛科		II	
37	芍药	*Paeonia lactiflora* Pall.	毛茛科		II	
38	东北茶藨子	*Ribes mandshuricum*（Maxim.）Kom	虎耳草科		II	
39	玫瑰	*Rosa rugosa* Thunb.	蔷薇科		II	III
40	山楂海棠	*Malus komarovii*（Sarg.）Rehd.	蔷薇科		II	III
41	葛枣猕猴桃	*Actinidia polygama*（Sieb. et Zucc.）Maxim.	猕猴桃科		II	
42	狗枣猕猴桃	*Actinidia kolomikta*（Rupr.）Maxim.	猕猴桃科		II	
43	软枣猕猴桃	*Actinidia arguta*（Sieb. et Zucc.）Planch. ex Miq.	猕猴桃科		II	
44	天南星	*Arisaema heterophyllum* Blume	天南星科		II	
45	东北天南星	*Arisaema amurense* Maxim.	天南星科		II	
46	朝鲜天南星	*Arisaema peninsulae* Nakai	天南星科		II	
47	关木通	*Aristolochia manshuriensis* Kom.	马兜铃科		II	
48	黄芪	*Astragalus membranaceus*（Fisch.）Bunge	蝶形花科		II	III
49	北重楼	*Paris verticillata* M. Bieb.	百合科		II	
50	垂花百合	*Lilium cernuum* Komar.	百合科		II	
51	五味子	*Schisandra chinenisis*（Turcz）Baill	木兰科		II	
52	青蒿	*Artemisia annua* L.	菊科		II	
53	穿龙薯蓣	*Dioscorea nipponica* Mak.	薯蓣科		II	
54	草苁蓉	*Boschniakia rossica*（Cham. et schlecht.）Fedtsch.	列当科		II	III
55	牛皮杜鹃	*Rhododendron aureum* Georgi	杜鹃花科		II	
56	松毛翠	*Phyllodoce caerulea*（L.）Bab.	杜鹃花科			III
57	胡桃楸	*Juglans mandshurica* Maxim	胡桃科			
58	天女木兰	*Magnolia sieboldii* K. Koch	木兰科			III
	小计			10	45	19
	I			2	5	1
	II			8	40	3
	III					15

* 被《濒危野生动植物种国际贸易公约》（华盛顿公约，CITES）收录的物种，共 23 种

4.2.2 部分珍稀濒危植物简介

（1）长白松

常绿乔木，高 25～32m，下部树皮淡黄褐色至暗灰褐色，裂成不规则鳞片，中上部树皮淡褐黄色到金黄色，裂成薄鳞片状脱落；针叶 2 针一束，雌球花暗紫红色，幼球果淡褐色，有

梗，下垂。球果锥状卵圆形，长 4～5cm，直径 3～4.5cm，成熟时淡褐灰色；鳞盾多少隆起，鳞脐突起，具短刺；种子长卵圆形或倒卵圆形，微扁，灰褐色至灰黑色，种翅有关节，长 1.5～2cm。花期 5～6 月，球果第二年 9～10 月成熟。长白松天然分布区很狭窄，尚存小片纯林及散生林木。

（2）东北红豆杉（紫杉）

常绿乔木，高达 20m，胸径达 1m。树冠倒卵形或阔卵形。树皮红褐色或灰红色，薄质，片状剥裂。枝条密生，小枝带红褐色，叶条形长 1.5～2.5cm，宽 2.5mm，在主枝螺旋排列，在侧枝上排成不规则假二列。雌雄异株，球花叶腋生，雄球花具 9～14 雄蕊，雌球花具一胚珠，胚珠卵形、淡红色、直生。种子卵形，成熟时紫褐色，有光泽，长约 6mm，直径 5mm。外覆上部开口的假种皮，成熟时倒卵圆形，成杯状，深红色，肉质，富浆汁。花期 5～6 月，种子 9～10 月成熟。生境性耐阴，密林下亦能生长。

（3）人参

多年生草本；主根肉质，圆柱形或纺锤形，须根细长；根状茎（芦头）短，上有茎痕（芦碗）和芽苞；茎单生，直立，高 40～60cm。叶为掌状复叶，2～6 枚轮生茎顶，伞形花序顶生，花小；花蓓钟形，具 5 齿；花瓣 5，淡黄绿色；浆果状核果扁球形或肾形，成熟时鲜红色。花期 5～6 月，果期 6～9 月。栽培者为"园参"，野生者为"山参"。为第三纪孑遗植物，珍贵的中药材。

（4）大花杓兰

多年地生兰。叶互生 3～5 片，被白毛。叶片椭圆形或卵状椭圆形，长达 20cm。花常单生，淡紫红色。花瓣卵状披针形，唇瓣紫红色，囊状，长约 3.5～5cm。花期 6～7 月。果期 7～8 月。因其稀世之美被称为"女神之花"

（5）杓兰

多年生地生兰，植株高 20～45cm，茎直立，基部具数枚鞘，近中部以上具 3～4 枚叶。叶片椭圆形或卵状椭圆形，花序顶生，通常具 1～2 花；花苞片叶状，花具栗色或紫红色萼片和花瓣，花瓣线形或线状披针形，但唇瓣黄色，深囊状，椭圆形，长 3～4cm，宽 2～3cm，花期 6～7 月。

（6）山西杓兰

多年生地生兰，植株高 4.0～55cm，具稍粗壮而匍匐的根状茎。茎直立，基部具数枚鞘，鞘上方具 3～4 枚叶。叶片椭圆形至卵状披针形，长 7～15cm，宽 4～8cm，先端渐尖，两面脉上和背面基部有时有毛，边缘有缘毛。花序顶生，通常具 2 花，较少 1 花或 3 花；花褐色至紫褐色，具深色脉纹，唇瓣深囊状，长 1.6～2cm，宽约 1.3cm，近球形至椭圆形，常有深色斑点；花瓣狭披针形或线形，，先端渐尖。蒴果近梭形或狭椭圆形，花期 5～7 月，果期 7～8 月。

（7）紫点杓兰

多年生地生兰，高 15～25cm。根状茎横走，纤细。茎直立，近中部处具 2 叶。花单生，白色，唇瓣具紫红色斑点，长 1.2～1.8cm，近球形，内折的侧裂片很小。花期 5～7 月，果期 8～9 月。

（8）东北对开蕨（对开蕨）

多年生草本，根状茎粗短，叶基生，叶柄长 10～20cm，粗 2～3mm，棕色，叶片长 15～

45cm，宽 3.5～5cm，阔披针形或线状披针形，先端短渐，基部略变狭，深心形两侧圆耳状下垂，中肋明显，顶端有膨大的水囊，孢子囊群成对地生于每两组侧脉的相邻小脉的一侧，通常分布于叶片中部以上，囊群盖线形，膜质，淡棕色，全缘，形如长梭状；孢子圆肾形，周壁具网状褶皱，表面具小刺状纹饰。

（9）红松

常绿乔木。树皮灰褐色，近平滑，大树树干上部常分叉。枝近平展，树冠圆锥形，冬芽淡红褐色，圆柱状卵形。针叶 5 针一束，长 6～12cm，粗硬，树脂道 3 个，叶鞘早落，球果圆锥状卵形，长 9～14cm，径 6～8cm，种子大，倒卵状三角形：花期 6 月，球果翌年 9～10 月成熟。

（10）朝鲜崖柏

常绿小乔木，高达 10m，胸径 10～30cm；树皮红褐色至灰褐色，条片状纵裂；叶鳞形，雌雄同株，球花单生侧枝顶端；雄球花卵圆形；雌球花有 4～5 对珠鳞，中部 2～3 对珠鳞各生 1～2 胚珠。球果当年成熟，椭圆形，熟时深褐色。种子椭圆形，扁平，周围有窄翅。

（11）刺参

落叶灌木，高约 1m，稀达 3m；小枝灰色，密生针状直刺，刺长约 1cm。叶直径 15～30cm，掌状 5～7 浅裂，花序近顶生，长 8～18cm，主轴密生短刺和刺毛；伞形花序直径 9～13mm，有花 6～10 朵，花瓣 5，果实球形，直径 7～12mm，红色；花期 6～7 月，果期 9 月。

（12）刺五加

落叶灌木，高 1～6m。茎密生细长倒刺。掌状复叶互生，小叶 5，稀 4 或 3，边缘具尖锐重锯齿或锯齿。伞形花序顶生，单一或 2～4 个聚生，花多而密；花萼具 5 齿；花瓣 5，卵形；雄蕊 5，子房 5 室。浆果状核果近球形或卵形，干后具 5 棱，有宿存花柱。花期 6～7 月，果期 7～9 月。

（13）山楂海棠

落叶灌木或小乔木，高达 3m；树皮红褐色或紫褐色，叶片宽卵形，边缘具有尖锐重锯齿，通常中部有明显 3 深裂，伞房花序；具花 6～8 朵；花梗长约 2mm；花白色，萼筒钟状，花瓣倒卵形；果实椭圆形，红色；花期 5 月，果期 9 月。

（14）葛枣猕猴桃

落叶木质藤本，叶膜质（花期）至薄纸质，卵形或椭圆卵形，边缘有细锯齿，有时前端部变为白色或淡黄色，花序 1～3 花，花白色，芳香，果淡橘色，卵珠形或柱状卵珠形，长 2.5～3cm，无毛，无斑点，顶端有喙，基部有宿存萼片。种子长 1.5～2mm。花期 6 月中～7 月上旬，果熟期 9～10 月。

（15）狗枣猕猴桃

落叶木质藤本，分枝细而多，二年生枝褐色有光泽，一年生枝紫褐色，具圆卵形黄色皮孔，小枝内具不整齐的片状髓，淡褐色。叶互生，叶片膜质至薄纸质，卵形至长圆形，边缘具锯齿或不等大的重锯齿，顶端或中部以上常变为黄白色或紫红色。雌雄异株，雄花 3 朵腋生，雌花或两性花单生，花白色或玫瑰红色，浆果长圆形，具 12 条纵向深色条纹，花期 6～7 月，果期 9～10 月。

（16）软枣猕猴桃

落叶木质藤本，皮淡灰褐色，片裂；小枝螺旋状缠绕。具长圆状浅色皮孔，髓片状，白色或浅褐色，叶互生；叶片稍厚，革质或纸质，卵圆形、椭圆形或长圆形，边缘有锐锯齿，锯齿近线形，叶柄及叶脉干后通常变黑色。腋生聚伞花序，花3~6朵，直径1.2~2cm；萼片5，花后脱落；花白色，倒卵圆形；雄蕊多数，雄花子房发育不全，雌花常有雄蕊，但花粉枯萎，花柱丝状，多数，子房球形无毛。浆果球形至长圆形，光滑无斑点，两端稍扁平，顶端有钝短尾状喙。花期6~7月，果期8~9月。

（17）天南星

多年生草本，块茎扁球形，直径2~4cm，顶部扁平，周围生根，叶常单1，叶柄圆柱形，粉绿色，叶片鸟足状分裂，裂片13~19，中裂片大向外渐小，排列成蝎尾状，花序从叶柄鞘筒内抽出。佛焰苞管部圆柱形，肉穗花序两性和雄花序单性。两性花序：下部雌花序，雌花球形，雄花白色，顶孔横裂。浆果红色，圆柱形，种子黄色，具红色斑点。花期4~5月，果期7~9月。

（18）东北南星

多年生草本，块茎近球形，叶柄长17~30cm，下部1/3具鞘，紫色；叶片鸟足状分裂，裂片5，倒卵状被针形或椭圆形，先端短渐尖或锐尖，基部楔形，中裂片具长约2cm的柄，长7~12cm，宽4~7cm，例裂片具长约1cm。共同的柄，全缘。花序柄短于叶柄，佛焰苞绿色或紫色具白色条纹；肉穗花序单件；雄花序年约2cm，花疏；雌花序长约1cm；各附属器具短柄，棒状。浆果红色；种子4颗，红色。肉穗花序轴常于果期增大，果落后紫红色。花期5月，果期9月。

（19）朝鲜天南星

多年生草本，块茎球形或扁球形。茎具明显的紫黑色斑纹。复叶2枚，小叶5~15片，小叶片先端尖锐，基部楔形。肉穗花序轴顶端棍棒状，花期5月，果期8~9月。

（20）关木通（木通马兜铃）

木质藤本，长达10m多；嫩枝深紫色，密生白色长柔毛；茎皮灰色，表面散生淡褐色长圆形皮孔，老茎具增厚又呈长条状纵裂的木栓层。三出复叶，小叶三片，叶革质，心形或卵状心形，全缘，花单生，常向下弯垂，花被管中部马蹄形弯曲，下部管状，长5~7cm，直径1.5~2.5cm，弯曲之处至檐部与下部近相等，外面粉红色，具绿色纵脉纹；檐部圆盘状，直径4~6cm或更大，内面暗紫色而有稀疏乳头状小点，外面绿色，有紫色条纹，合蕊柱顶端3裂；蒴果长圆柱形，暗褐色，有6棱，成熟时6瓣开裂；种子三角状心形，花期6~7月，果期8~9月。

（21）野大豆

一年生草本，茎缠绕、细弱，疏生黄褐色长硬毛。叶为羽状复叶，具3小叶；小叶卵圆形、卵状椭圆形或卵状披针形，长3.5~5（6）cm，宽1.5~2.5cm，先端锐尖至钝圆，基部近圆形，两面被毛。总状花序腋生；花蝶形淡紫红色；苞片披针形；萼钟状，密生黄色长硬毛，5齿裂，裂片三角状披针形，先端锐尖；旗瓣近圆形，先端微凹，基部具短爪，翼瓣歪倒卵形，有耳，龙骨瓣较旗瓣及翼瓣短；雄蕊10，9+1两体；花柱短而向一侧弯曲。荚果狭长圆形或镰刀形，两侧稍扁，长7~23mm，宽4~5mm，密被黄色长硬毛；种子间缢缩，含3粒种子；种子长圆形、椭圆形或近球形或稍扁，褐色、黑褐色、黄色、绿色或呈黄黑双色。花期7～8月，果期8～10月。

（22）黄耆

多年生草本，高0.5～1.5m。根直而长，圆柱形，稍带木质，长20～50cm，根头部径1.5～3cm，表面淡棕黄色至深棕色。茎直立，具分枝，被长柔毛。单数羽状复叶互生，叶柄基部有披针形托叶，叶轴被毛；小叶13～31片，卵状披针形或椭圆形，先端稍钝，有短尖，基部楔形，全缘，两面被有白色长柔毛，无小叶柄。总状花序，花萼5浅裂，筒状；蝶形花冠淡黄色，荚果膜质，膨胀，卵状长圆形，种子5～6粒，肾形，棕褐色。花期6～8月，果期7～9月。

（23）北重楼

多年生草本，植株高25～60cm；根状茎细长，直径3～5mm。茎绿白色，有时带紫色。叶5（或6）～8枚轮生，花梗长4.5～12cm；外轮花被片绿色，极少带紫色，叶状，通常4枚，内轮花被片黄绿色，条形，子房近球形，紫褐色，顶端无盘状花柱基，花柱具4～5分枝，分枝细长，并向外反卷，蒴果浆果状，不开裂，直径约1cm，花期5～6月，果期7～9月。

（24）垂花百合

多年生草本，鳞茎矩圆形或卵圆形，高4cm，直径约4cm；鳞片披针形或卵形，白色。茎高约65cm，叶细条形，总状花序有花1～6朵；花下垂，有香味；花被片披针形，反卷，长3.5～4.5cm，宽8～10mm，先端钝，淡紫红色，下部有深紫色斑点，花药长1.4cm，黑紫色；子房圆柱形，蒴果；花期7～8月，果期9月。

（25）五味子

落叶木质藤本。幼枝红褐色，老枝灰褐色，叶互生，花多为单性，雌雄异株，稀同株，花单生或丛生叶腋，乳白色或粉红色，花被6～7片；雄蕊通常5枚，花药聚生于圆柱状花托的顶端，药室外侧向开裂；雌蕊群椭圆形，离生心皮17～40，花后花托渐伸长为穗状，长3～10cm。小浆果球形，成熟时红色。种子1～2，肾形，花期5～6月，果期8～9月。

（26）布袋兰

多年生草本，叶长3.4～4.5cm，宽1.8～2.8cm，先端近急尖，基部近截形；花葶长10～12cm，明显长于叶，中下部有2～3枚筒状鞘；花苞片膜质，披针形，花梗和下位子房纤细，长1.7～2cm；花单朵，直径3～4cm；萼片与花瓣相似，向后伸展，线状披针形，长1.4～1.8cm，宽1.5～2cm，先端渐尖；唇瓣扁囊状，3裂；有紫色粗斑纹，花期4～6月，果期7～8月。

（27）天麻

多年生寄生草本，高60～100cm，全株不含叶绿素。块茎肥厚，肉质，长圆形，长约10cm，直径3～4.5cm，有不甚明显的环节。茎圆柱形，黄色。叶呈鳞片状，膜质，长1～2cm，下部短鞘状抱茎。总状花序顶生，长10～30cm，花黄色；花梗短，花被管歪壶状，唇瓣高于花被管的2/3，具3裂片，中央裂片较大，合蕊柱长5～6mm，先端具2个小的附属物；蒴果长圆形至长圆状倒卵形，种子多而细小，呈粉末状，花期6～7月。果期7～8月。

（28）小斑叶兰

多年生草本，高8～25cm。根状茎伸长，匍匐。茎直立，单一，被白色腺毛，生数枚基生叶。叶片卵状椭圆形，长 1.5~3cm，顶端锐尖或稍钝，基部宽楔形至圆形，全缘，上面绿色，有白色不规则条纹和黄褐色斑点，下面灰绿色；叶柄基部鞘状抱茎。总状花序顶生，具数朵至 10 余朵花，花小，白色，或带绿色或带粉红色，萼片外面被腺毛，中萼片长 3~4mm，与花瓣靠合成兜状，侧萼片椭圆形或卵状椭圆形，与中萼片等长或略长，顶端钝；唇瓣舟状，长 3~3.5mm，基部凹陷成囊状，内面无毛，无爪，不裂；合蕊柱短，与唇瓣分离，蕊喙 2 裂，蒴果纺锤形，下垂。花期 7~8 月，果期 9 月。

(29) 手参

多年生草本，高 30~80cm。块茎通常 2 枚，一枚肥厚，一枚干瘦，黄白色，椭圆形，下部 4~6 掌状分裂。茎直立，基部具淡褐色叶鞘。茎生叶 4~7，互生，叶柄鞘状，叶片长披针形，下部叶先端钝或渐尖，基部鞘状抱茎；最上部的叶较小，线状披针形。穗状花序顶生，长 7~14cm，穗状花序，密生小花，花粉红色，花瓣斜卵形，唇瓣阔倒卵形，长宽均 4~5mm，先端 3 浅裂，基部有细长距，呈镰刀状内弯，长明显超过子房，子房扭曲。蒴果，长圆形，种子淡棕色，极多而细小。花期 6~8 月。果期 8~10 月。

(30) 十字兰

多年生草本，植株高 25~70cm。块茎肉质，长圆形或卵圆形。茎直立，圆柱形，具多枚疏生的叶，向上渐小成苞片状。中下部的叶 4~7 枚，其叶片线形，基部成抱茎的鞘。总状花序具 10~20 余朵花，长 10~18cm，花序轴无毛；花苞片线状披针形至卵状披针形，花白色，无毛；中萼片卵圆形，直立，凹陷呈舟状，具 5 脉，与花瓣靠合呈兜状。侧萼片强烈反折，斜长圆状卵形先端近急尖，具 4（或 5）脉；花瓣直立，轮廓半正三角形，2 裂；上裂片先端稍钝，具 2 脉；下裂片小齿状，三角形，先端二浅裂；唇瓣向前伸，近基部的 1/3 处 3 深裂呈十字形，侧裂片与中裂片垂直伸展，向先端增宽且具流苏；距下垂，近末端突然膨大，粗棒状，花期 7~9 月，果期 10 月。

(31) 绶草

多年生草本，植株高 13~30cm。根指状肉质。茎较短，近基部生 2~5 枚叶。叶片宽线形直立伸展，先端急尖或渐尖，基部收狭具柄状抱茎的鞘。花茎直立，长 10~25cm，上部被腺状柔毛至无毛；总状花序具多数密生的花，长 4~10cm，呈螺旋状扭转；花小，紫红色、粉红色或白色，在花序轴上呈螺旋状排生；中萼片狭长圆形，舟状，与花瓣靠合呈兜状；侧萼片偏斜，披针形，花瓣斜菱状长圆形，先端钝，与中萼片等长但较薄；唇瓣宽长圆形，凹陷，先端极钝，前半部上面具长硬毛且边缘具强烈皱波状啮齿，唇瓣基部凹陷呈浅囊状。花期 7~8 月。

(32) 小花蜻蜓兰

多年生草本，植株高 20~55cm。根状茎肉质指状，细长，弓曲。茎较纤细，直立，基部具 1~2 枚筒状鞘，鞘之上具叶，下部的 2~3 枚叶较大，中部至上部具 1 至几枚苞片状小叶。大叶片匙形或狭长圆形，总状花序具 10~20 朵花，长 6~10cm；花较小，淡黄绿色；中萼片直立，凹陷呈舟状，侧萼片张开或反折，偏斜，狭椭圆形，花瓣直立，狭长圆状披针形，唇瓣向前伸展，多少向下弯曲，舌状披针形，肉质，基部两侧各具 1 枚近半圆形的小侧裂片，中裂片舌花期 7~8 月。果期 9~10 月。

(33) 草芍药

多年生草本，高 30~70cm。根粗大，多分歧，长圆形或纺锤形，褐色。茎直立，有时呈微红紫色，无毛，基部生数枚鞘状鳞片，叶互生，纸质；茎下部叶为二回三出复叶；茎上部叶为三出复叶或单叶。花两性，单朵顶生，直径 7～10cm；萼片 3～5，宽卵形、卵状披针形或卵状椭圆形，长 1.2～1.5cm，绿色，宿存；花瓣 6，倒卵形，白色、红色或紫红色；雄蕊多数，花丝淡红色，花药黄色；花盘浅杯状，包裹心皮基部；心皮 1～5，离生，蓇葖果卵圆形，成熟果实开裂，反卷，内面呈鲜红色。花期 5～6 月，果期 7～9 月。

（34）芍药

多年生草本，高 40～70cm，无毛。根肥大，纺锤形或圆柱形，黑褐色。茎直立，上部分枝，基部有数枚鞘状膜质鳞片。叶互生；叶柄长达 9cm，位于茎顶部者叶柄较短；茎下部叶为二回三出复叶，上部叶为三出复叶；近革质。花两性，数朵生茎顶和叶腋，直径 7～12cm；苞片 4～5，披针形，大小不等；萼片 4，宽卵形或近圆形，绿色，宿存；花瓣 9～13，倒卵形，白色，有时基部具深紫色斑块或粉红色，雄蕊多数，花丝长 7～12mm，花药黄色；花盘浅杯状，包裹心皮基部，先端裂片钝圆；心皮 2～5，离生，蓇葖果卵形或卵圆形，长 2.5～3mm，直径 1.2～1.5cm，先端具喙，花期 5～6 月，果期 6～8 月。

（35）玫瑰

玫瑰直立灌木。茎丛生，有茎刺。单数羽状复叶互生，小叶 5～9 片，连叶柄 5～13cm，椭圆形或椭圆形状倒卵形，长 1.5～4.5cm，宽 1～2.5cm，先端急尖或圆钝。基部圆形或宽楔形。边缘有尖锐锯齿，上面无毛，深绿色，叶脉下陷，多皱，下面有柔毛和腺体，叶柄和叶轴有绒毛，疏生小茎刺和刺毛；托叶大部附着于叶柄，边缘有腺点；叶柄基部的刺常成对着生。花单生于叶腋或数朵聚生，苞片卵形，边缘有腺毛，花梗长 5～25mm 密被绒毛和腺毛，花直径 4～5.5cm，上有稀疏柔毛，下密被腺毛和柔毛；花冠鲜艳，紫红色，芳香；花梗有绒毛和腺体。蔷薇果扁球形，熟时红色，内有多数小瘦果，萼片宿存。

（36）东北茶藨子

落叶灌木，高 1～3m；小枝灰色或褐灰色，皮纵向或长条状剥落，嫩枝褐色，具短柔毛或近无毛，无刺；芽卵圆形或长圆形，长 4～7mm，宽 1.5～3mm，先端稍钝或急尖，具数枚棕褐色鳞片，外面微被短柔毛。花两性，开花时直径 3～5mm；总状花序长 7～16cm，稀达 20cm，初直立后下垂，具花多达 40～50 朵；花序轴和花梗密被短柔毛；花梗长约 1～3mm；苞片小，卵圆形，几与花梗等长，无毛或微具短柔毛，早落；花萼浅绿色或带黄色，外面无毛或近无毛；萼筒盆形，长 1～1.5(2)mm，宽 2～4mm；萼片倒卵状舌形或近舌形，长 2～3mm，宽 1～2mm，先端圆钝，边缘无睫毛，反折；花瓣近匙形，长约 1～1.5mm，宽稍短于长，先端圆钝或截形，浅黄绿色，下面有 5 个分离的突出体；雄蕊稍长于萼片，花药近圆形，红色；子房无毛；花柱稍短或几与雄蕊等长，先端 2 裂，有时分裂几达中部。果实球形，直径 7～9mm，红色，无毛，味酸可食；种子多数，较大，圆形。花期 4～6 月，果期 7～8 月。

（37）水曲柳

落叶大乔木，高达 30m 以上。树皮厚，灰褐色，纵裂。冬芽大，圆锥形，黑褐色，小枝粗壮，黄褐色全灰褐色，四棱形，节膨大。奇数羽状复叶小叶 7～11 枚，小叶着生处具关节，叶缘具细锯齿，圆锥花序，先叶开放，雄花与两性花异株，均无花冠也无花萼；雄花花序紧密，雄蕊 2，花药椭圆形，花丝甚短，开花时迅速伸长；两性花序稍松散，两侧常着生 2 枚甚小的雄蕊，子房扁而宽，花柱短，柱头 2 裂。翅果大而扁，长圆形至倒卵状披针形，明显扭曲，脉棱凸起。花期4月，果期8~9月。

(38) 黄檗

落叶乔木，高10~25m。树皮厚，外皮灰褐色，木栓发达，不规则网状纵沟裂，内皮鲜黄色。小枝通常灰褐色或淡棕色，罕为红棕色，有小皮孔。奇数羽状复叶对生，小叶柄短；小叶5~15枚，披针形至卵状长圆形，先端长渐尖，叶基不等的广楔形或近圆形，边缘有细钝齿，齿缝有腺点，薄纸质。雌雄异株；圆锥状聚伞花序，花轴及花枝幼时被毛；花小，黄绿色；雄花雄蕊5，伸出花瓣外，花丝基部有毛；雌花的退化雄蕊呈小鳞片状；雌蕊1，子房有短柄，5室，花枝短，柱头5浅裂。浆果状核果呈球形，，密集成团，熟后紫黑色，内有种子2~5颗。花期5~6月，果期9~10月。

(39) 胡桃楸(核桃楸)

落叶乔木，高达20m多，树冠圆形或长圆形；树皮灰色或暗灰色，奇数羽状复叶互生，小叶9~17片，雄荑黄花序下垂；雌花序穗状，直立，果序长约10~15cm，俯垂，通常具5~7果实。果实球形、卵圆形或椭圆形，顶端尖。花期5月，果期8~9月。

(40) 天女木兰

落叶小乔木。株高3~6m，最高达10m。小枝淡灰色，叶互生，叶柄长1.5~6cm，叶片倒卵形或倒卵长圆形，长7~25cm，宽6~10cm，茎部圆形或圆状楔形，先端短突尖，表面绿色，背面粉白色，被短柔毛。花直径8~10cm，花蕾稍带淡粉红色；花被9片，白色，呈倒卵形或倒卵状长圆形，长4~5.5cm，宽2~3cm；雄蕊多数紫红色，花药内向开放，雌蕊群椭圆形。聚合果卵形，长4~6cm，宽2cm，红色，先端尖。种子橙黄色，近圆形，直径约6mm。花期6~7月，果期9~10月。喜生次生阔叶林中，阴坡或山谷湿润地。花色美丽，可入药，叶含芳香油。

(41) 紫椴

落叶乔木，高可达20~30m。树皮暗灰色，纵裂，成片状剥落；小枝黄褐色或红褐色。叶阔卵形或近圆形，基部心形，先端尾状尖，边缘具整齐的粗尖锯齿，齿先端向内弯曲，偶具1~3裂片，表面暗绿色，无毛，背面淡绿色，仅脉腋处簇生褐色毛；叶具柄，柄长2.5~4cm，无毛。聚伞花序苞片倒披针形或匙形，无毛具短柄；萼片5，两面被疏短毛，里面较密；花瓣5，黄白色，无毛；雄蕊多数，无退化雄蕊；子房球形，被淡黄色短绒毛，柱头5裂。果球形或椭圆形，被褐色短毛，具1~3粒种子。种子褐色，倒卵形。花期6~7月，果熟9月。

(42) 青蒿

一年生草本，高达1.5m，全株黄绿色，有特殊气味。茎直立呈圆柱形，多分枝，表面黄绿色或棕黄色，具纵棱线，质略硬，易折断，断面中部有髓；叶互生，暗绿色或棕绿色，卷缩易碎，完整者展平后为三回羽状深裂，裂片及小裂片矩圆形或长椭圆形，两面被短毛。气香特异，味微苦；茎基部及下部的叶在花期枯萎，中部叶卵形，二至三回羽状深裂，上面绿色，下面色较浅，两面被短微毛；上部叶小，常一次羽状细裂。头状花序极多数，球形，直径1.5~2mm，有短梗，下垂，总苞球形，苞片2~3层，无毛，小花均为管状，黄色，边缘雌性，中央两性，均能结实。瘦果椭圆形，长约0.7mm，无毛。花期7~10月，果期9~11月。

(43) 穿龙薯蓣

多年生缠绕草质藤本，根茎横走，栓皮呈片状脱落，断面黄色。茎左旋，无毛。叶互生，掌状心形，变化较大，长 8 ~ 15cm，宽 7 ~ 13cm，边缘作不等大的三角状浅裂、中裂或深裂，至顶生裂片较小，全缘。花单性异株，穗状花序腋生；雄花无柄，花被 6 裂，雄蕊 6；雌花常单生，花被 6 裂。蒴果倒卵状椭圆形，有 3 宽翅。种子每室 2 枚，生于每室的基部，四周有不等宽的薄膜状翅。花期 6 ~ 8 月，果期 8 ~ 10 月。

第 5 章

植被资源

植被是植物与其生长环境长期作用演化而形成的自然复合体，是生物多样性的重要组成部分，对森林生态系统类型的保护区而言，区内的植被水平是决定动植物种类和生境优劣的最主要因素之一。

5.1 植被分类系统和依据

本书采用《中国植被》(中国植被编委会，1980)、《中国湿地植被》(中国湿地植被编辑委员会，1999)的分类系统，根据该区内植被的特点，以植物种属成分、群落的外貌特征、群落的生态地理特征作为划分群落类型的重要指标。

5.2 区内植被类型

图们江源头区域，地形起伏，生境多样，植被类型丰富。可分为：3 个植被型组(针叶林、阔叶林和沼泽植被)、6 个植被型(寒温性针叶林、温性针阔叶混交林、落叶阔叶林、森林沼泽、灌丛沼泽和草丛沼泽)、12 个群组和 18 个群系(植被类型名录见附录)。

——针叶林

Ⅰ. 寒温性针叶林

寒温性针叶林主要由耐阴的、树冠稠密的常绿(或落叶松)乔木构成，林内潮湿、郁闭、阴暗。树种组成以云杉属、冷杉属、落叶松植物为主，是北温带分布最广泛的地带性植被，寒温性落叶针叶林是图们江源头区域最主要的植被类型。

(1)长白落叶松林(Form. *Larix olgensis*)

长白落叶松为我国特有种，以长白山区为其分布中心，仅向东南延伸到图们江源头区域及朝鲜北部。属次生植被，仅有生长在沼泽地，小面积的长白落叶松古树为原生植被。

由于长白落叶松适应范围极广，又属不稳定地次生植被，因此随着立地条件的变化和森林演变程度，致使树种组成上相差甚大，衍生自山地针叶林(云杉、冷杉林)的林下常有鱼鳞云杉、臭冷杉的幼树，也有少量阔叶树种，如风桦、花楸、山荆子、花楷槭、蓝靛果忍冬、朝鲜荚蒾、华北忍冬、舞鹤草、大花杓兰、七瓣莲、木贼、假冷蕨、猴腿蹄盖蕨等；衍生自低山针阔叶混交林——红松针阔叶混交林，与红松、紫椴、春榆、水曲柳、五角枫及蒙古栎等树种构成复层混交林；低湿谷地，或常年积水的地方，土壤为沼泽土或沼泽化草甸土，并具有不同程度的泥炭化，其它树种难以生存，长白落叶松得以成纯林，林下植被组成多属于典型的沼泽地植物，灌木有油桦、小叶杜鹃、柳叶绣线菊、蓝靛果忍冬、笃斯越橘、越橘、柳及多种苔草。

（2）臭冷杉林（Form. *Abie snepholepis*）

臭冷杉林在我国主要分布在东北东部山地，在华北的山地也有少量分布，一般多混生在各种云杉林内，仅在东北东部的山地能形成小面积臭冷杉林。臭冷杉极耐阴，并耐水湿，故多分布在低海拔的狭长谷地，局部排水不良。地下水位较高的平湿地。土壤为重湿——极湿的腐殖质淤泥潜育土或泥炭质淤泥潜育土，林地常积水。此外，在除此以半阴地、铺满石块的地段上，也有臭冷杉生长。当地称为"跳石塘"，土层浅薄，多阴湿，地上满覆发育良好的藓类植物层，保留着大量水分。

（3）鱼鳞云杉、臭冷杉林（Form. *Picea jezoensis*，*Abies nephrolepis*）

该植被类型是我国东北东部山地针叶林带的地带性植被。海拔高度自南向北逐渐降低，在长白山及图们江源头区域为1300m以上，林木组成极单纯。以鱼鳞云杉为主，其次为臭冷杉，在排水稍差的地段，还有红皮云杉，混生少量的阔叶树种（花楸、风桦或岳桦等）。由于林龄阶段不同，鱼鳞云杉和臭冷杉这两个树种的组成混交比例也不相同。在幼龄及中龄林阶段臭冷杉处于优势；老龄林则以鱼鳞云杉为主。

Ⅱ. 温性针阔叶混交林

以温性针叶林典型树种红松为主要建群种，和其他针叶、阔叶树种组成的植被类型，在图们江源头区域主要有2个群系组成。

（4）红松、鱼鳞云杉、红皮云杉、臭冷杉林（Form. *Pinus koraiensis*，*Picea jezoensis*，*Picea koraiensis*，*Abies nephrolepis*）

在我国仅分布于东北东部山地，一般面积不大，在苏联远东地区也有分布，多在亚高山带的云杉、冷杉林与低山的红松针阔叶混交林相接地带，在长白山及图们江源自然保护区分布海拔在1100～1400m之间。在低海拔的局部冷湿气候条件下，不利于阔叶树种生长，仅红松能适应，也能促成红松与鱼鳞云杉、红皮云杉和臭冷杉混交，俗称"红松排子"。

林下土壤为暗棕壤，灰化程度较强，有时呈棕色针叶林土特征，在较低湿地段，则呈隐灰化，经常表现有潜育化现象。

乔木层组成单纯，以红松为主，占上层林冠。其次多为鱼鳞云杉、红皮云杉和臭冷杉，这些阴性针叶树种多占据第二林层，也散生极少量的阔叶树种，如风桦、花楸、五角枫等。因此，从乔木层组成上看，具有云杉、冷杉林和红松针阔叶混交林交错性质。由于此群系多珍贵针叶树种，且红松居多，生长良好，树干尖削度不大，出材率高，所以利用价值极高。

林下植物与乔木层组成同样具有交错性质。在下木中除云杉、冷杉，林下常见的花楷槭、青楷槭、蓝靛果、紫花忍冬等外；还有红松针阔叶混交林下常见的毛榛、黄花忍冬、小花溲疏、光萼溲疏等，且常有发育不良的少量藤本植物，如狗枣猕猴桃。草本植物即有云杉、冷杉林下的林奈草、七瓣莲、唢呐草、酢浆草、舞鹤草，以及卵果蕨、黑河鳞毛蕨、欧洲羽节蕨等；又有红松针阔叶混交林下常见草本植物，如木贼、山茄子、粗茎鳞毛蕨、假冷蕨、中华蹄盖蕨、掌叶铁线蕨、北七筋菇、宽叶苔草、毛缘苔草、麻叶龙头草等。在排水较好处，还有四花苔草。地表的藓类植物，除有拟垂枝藓外，以红松针阔叶混交林下的典型藓类植物——万年藓较多，但随着云杉、冷杉的增多，林内阴湿程度亦增大，林下植物即由红松针阔叶混交林下的典型种类而趋向于云杉、冷杉林下的植物种类，如地衣、藓类植物发育，有塔藓和在树枝。树干上附生地衣的松萝、小白齿藓、平藓等。

红松、鱼鳞云杉、红皮云杉、臭冷杉林一经破坏，可能由落叶松或白桦成先锋树种，形成次生的落叶松林、白桦林或落叶松和白桦混交林，这类次生林冬季落叶，林内早春可有较多的光照，既有一定的蔽荫，又有适当的光照，适于红松的更新和生长、发育，可以恢复成红松、鱼鳞云杉、红皮云杉、臭冷杉林，为了有利于天然更新，考虑到这类森林常分布在较高海拔地带，有着涵养水源、保持水土等防护作用，一般不宜皆伐，应采用择优，郁闭度应保留在0.3～0.5之间，以利红松更新。

（5）红松、紫椴、枫桦林（Form. *Pinus koraiensis*，*Tilia amurensis*，*Betula costata*）

本群系在我国东北的东部山区分布极广泛，为优势群系。一般称"红松针阔叶混交林"，在长白山及图们江源头区域分布海拔为1100m左右。

本群系多分布在中、缓坡，土壤较肥沃，为典型的山地暗棕壤。植物组成较复杂。组成树种以红松为优势，并混生十多种阔叶树，以紫椴、枫桦为标志种．其它还有糠椴、水曲柳、春榆、裂叶榆、黄檗、核桃揪、大青杨、香杨和五角枫等。同时，林内常混生少量北方寒湿性的针叶树种，如鱼鳞云杉、红皮云杉和臭冷杉等。

由于树种组成较复杂，群落结构也呈现相应的特点，通常乔木层可分为2～3层，主要为红松和多种阔叶树种所组成的复层异龄的红松针阔叶混交林。因为红松对土壤要求不苛，分布幅度较大，而伴生的阔叶树种，各有所适应的土壤范围，所以随着分布地段不同，

其伴生的阔叶树种及参与的层次和占有组成比例，也有较大的变化。在山腹以下的缓坡地、山麓、河流两岸平坦地或阴坡溪谷地，土层较厚且湿润，则春榆、水曲柳、大青杨等这些耐湿的阔叶树种增多；而在山脊或向阳陡坡上，土层较瘠薄而干燥，经常岩石裸露，多数阔叶树种无法适应，则蒙古栎增多。根据生境条件和伴生阔叶树种的变化，可以划分出不同的群落，即红松、水曲柳、春榆林和红松、蒙古栎林。但这些群落大多面积不大，并镶嵌在红松、紫椴、风桦林内，同时相互之间有不同程度的过度类型，所以应视为红松、紫椴、枫桦林内随地形变化而产生的变异。

此群系的灌木层和草本植物层也较复杂。灌木层主要为较耐阴的毛榛、东北山梅花、小花溲疏、刺五加、黄花忍冬、光萼溲疏等，其次也有一些喜光的灌木，如疣枝卫矛、小檗、鸡树条荚蒾、修枝荚蒾等。随地势变化，种类组成也有所不同：自山腹以下，土层较厚而湿润处，则有暴马丁香、长白忍冬、稠李等；在山麓较冷湿地段常混入花楷槭、茶藨子及长果刺玫等；自山腹以上或山脊上，土层瘠薄而干燥，则以胡枝子、兴安杜鹃等为主。除上述各种灌木外，在这类针阔叶混交林内常有发育良好的（层间）藤本植物，如北五味子、软枣猕猴桃、狗枣猕猴桃、山葡萄等。

草本植物层也较复杂，随着生境条件的变化而不同。在排水良好的山坡，主要为突脉苔草、四花苔草、乌苏里苔草，其次为透骨草、垂穗臭草和龙常草等；在林冠较疏开处，则有尾叶香茶菜、野芝麻、大叶柴胡等；在山腹下部则蕨类植物增多，如粗茎鳞毛蕨、峨眉蕨、中华蹄盖蕨等。随着林冠郁闭度增大，除山茄子、木贼、掌叶铁线蕨等这些典型特有草本植物增多

外，并常混有北方寒温性常绿针叶林(云杉、冷杉林)下的小型耐阴草本植物，如酢浆草、舞鹤草、毛露珠草等。此外，在林内藓类植物常成明显层片，组成以万年藓、树藓为主，其次为拟垂枝藓等，并且多呈斑点状分布。

——阔叶林

阔叶林是在温暖湿润和半湿润的气候条件下形成的以阔叶树种为主的森林群落，在北方温带地区，阔叶林主要有落叶阔叶树种构成，以桦木属植物为主，群落中的木本植物冬季全部落叶。阔叶林是图们江源头区域的主要植被。

Ⅲ. 落叶阔叶林植被型

落叶阔叶林是我国北方温带地区阔叶林中的主要森林类型。构成群落的乔木树种全部是冬季落叶的阳性阔叶树种，林下灌木也多是冬季落叶的种类，图们江源头区域可划分为典型落叶阔叶林、山地杨桦林、落叶栎林等，大部分是原生植被破坏后的次生类型包括个群5个群系。

（6）蒙古栎林(Form. *Quercus mongolica*)

蒙古栎林是栎林中比较耐寒的类型。在我国温带和暖温带都有分布，在图们江源头区域该群系分布在海拔1000~1200m。

蒙古栎林对温度的适应性强，对生境条件的要求并不严格，不论是土壤湿润肥沃的阴坡，或是干燥瘠薄的阳坡和山脊均能成林。林下土壤多为酸性或微酸性的棕色森林土。

在温带针叶林地区的蒙古栎林，灌木层覆盖度为60%~80%，以胡枝子占优势，并经常混有较多的榛，此外尚有长果刺玫、绢毛绣线菊等，有时还有落叶松林的典型植物兴安杜鹃。草本植物覆盖度达80%，种类丰富，如假冷蕨、铃兰、突脉苔草，但生长不良，占优势的仍是喜光耐旱植物，如白鲜、北苍术、蕨、鸢尾等。但在陡坡上土层瘠薄处生长的蒙古栎林，则林下植物稀疏，具草原化特征，有许多耐旱草本，如线叶菊、火绒草、羊茅等。

（7）五角枫、紫椴、糠椴林(Form. *Acer mono*，*Tilia amurensis*，*Tilia mandshurica*)

以五角枫、紫椴、糠椴等树种为代表的落叶阔叶林，是温带针阔叶混交林区域，分布面积和经济价值最大的落叶阔叶林，这一类森林由于具有多建群种，优势种不明显，因此通常统称其为杂木林。

杂木林由两种原因所形成，其一是针阔叶混交林即红松阔叶林，由于采伐红松以后留下了阔叶树，进一步发展成为阔叶林，这种可称为半原生状态的森林；另一种是森林砍伐或破坏后的迹地上次生演替的产物。因此，本群系林木的分布范围和生境条件，都和红松阔叶林相一致。

群落的种类组成并不一致，一般在半原生状态的森林中，除五角枫及椴类以外，主要树种为胡桃楸、水曲柳、黄檗等，有时也混交有春榆、裂叶榆以及残存的红松和云杉、冷杉等；同时也混交有一些杨属和柳属植物。群落组成复杂，变异很大。极少为单优结构，大多为多优及复层结构，都受到一定程度的人为干扰。林下灌木层内，多为原始红松阔叶林中常见的种类，如暴马丁香、各种槭树、山梅花、荚蒾、接骨木、刺五加、溲疏、黄花忍冬等；在林冠疏散而潮湿处，常见有稠李、柳叶绣线菊、珍珠梅等。林下草本植物除红松阔叶林内常见种外，由于经过人为干扰，林冠疏开，进入一些早春植物及阳性杂草，如紫堇、荷青花、五福花、侧金盏花、银莲花属、菟葵、小顶冰花、蚊子草、狭叶荨麻、乌头等。

次生性的杂木林，其种类组成除五角枫、槭外，尚有较多的白桦和各种杨树和柳树，林下植物因林冠稀疏，草本层稠密繁茂，灌木及除原生林下的种类发展成丛外，还侵入一些阳性灌木，如辽东楤木、榛、山刺玫及悬钩子等；草本植物更为繁杂，并表现明显的季相变化。

（8）春榆、水曲柳林（Form. *Ulmus propmqua*，*Fraxinuus mandshurica*）

春榆与水曲柳林是东北东部山地的原生植被类型，分布在滩地、宽河谷的中下游，是以古老的孑遗种类组成的群落。春榆的分布范围仅限于远东的温带范围内，南至河北，东到日本和朝鲜。在长白山及图们江源头区域，分布于300～1100m之间；一般群落所处的生境条件是河漫滩的山地河流下游的河谷第一阶地。土壤是发育在冲积母质上的草甸山灰棕壤或生草森林上。

在群落的组成上，春榆与水曲柳混交，在这种混交林中，胡桃楸和黄檗也是重要的成分，还有少数大青杨，灌木层的优势种为暴马丁香，其他有光叶山楂、毛榛、稠李；也有红松林内习见的灌木和藤本植物。草本植物占优势的有错草、蕨类，其次为毛缘苔草、蚊子草、狭叶荨麻、乌头、山地羊角芹、独活、石芥花、碎米荠以及一些早春植物如：侧金盏花、假扁果草及齿瓣延胡索等，地被层的藓类则发育很弱。

（9）山杨林（Form. *Populua davidiana*）

在温带森林地区，山杨不仅是红松阔叶林的混交树种之一，也是红松林采伐迹地及火烧迹地的先锋树种，多发展成纯林，有时可与白桦或栎类混交，在暖温带落叶阔叶林区域，山杨林一般是针叶林或其他落叶阔叶林被破坏后出现的次生植被。山杨不仅种子小而轻，而且结实多而频繁，萌发和扎根能力很强，所以能够很快在森林破坏后的空地上发育起来，常呈块状或带状分布。

在图们江源头区域与山杨伴生的树种除白桦外，还有少量的紫椴、糠椴、槭类及蒙古栎等，林下灌木和草本植物均以红松林下的种类为主，如毛榛、胡枝子、乌苏里绣线菊等；草本层植物种类丰富主要有苔草、短柄草、羊胡子草、宽叶苔草、大油芒、异叶败酱、龙牙草、蒿属、黄背草、棉团铁线莲和蕨等。

桦木林群系组：这一群系组的各个群系，是以桦属的一些树种为优势，或以桤属的种类为优势，一般优势种比较单一且较明显。这一类型分布的范围较广，大部分群系都是分布在原有森林成片砍伐后的迹地上形成的次生林。因为人为活动的控制作用一直存在，所以这类植被的各个类型仍可成为一种相对稳定的情况。在图们江源头区域主要是以桦属为主。

（10）白桦林（Form. *Botula platyphylla*）

白桦林主要分布在图们江源头区域300～1400m的山地阴坡或半阴坡，阳坡也有分布。白桦能忍耐酷寒的气候条件，多位于平缓的凹形坡上，这样，即使在较为干旱的季节，土壤也能保持湿润。但是它对生境的适应幅度极宽，也可以生长在石质陡坡、河谷及沼泽、草甸上；甚至在火山喷出物以及火烧迹地上，还能作为先锋树种独立成林。各种温带和暖温带的森林土壤，都适宜白桦林的生长。

白桦是一种喜光的树种，但也能耐一定的荫蔽。在东北各林区，它是落叶松林的伴生种，也是红松阔叶林的主要混交树种之一；但在大多数情况下，白桦林是各种针叶林或落叶阔叶林破坏后发展起来的次生类型。

在群落的组成上，与白桦伴生的树种以林区的先锋树种为主，如山杨、落叶松、糠椴、蒙古栎、紫椴、五角枫等。林下草本植物常见有四花苔草、突脉苔草、铃兰、地榆、蒿属、舞鹤草、大叶章、银莲花、轮叶沙参、马鹿、贝加尔野豌豆、矮香豌豆、东方草莓、粗根老鹳草、红花鹿蹄草、山茄子、大叶柴胡、卵叶风毛菊以及少量鳞毛蕨属和蹄盖蕨、曲尾藓等。

——沼泽植被

Ⅳ. 森林沼泽

森林沼泽是指在地表过湿或积水的地段上，以湿生植物和沼生植物为主所组成的森林植物群落。我国的森林沼泽，集中分布在大兴安岭、小兴安岭和长白山地，图们江源头区域也是主要分布区之一。

落叶松沼泽林是以落叶松为建群种所组成的森林沼泽。图们江源头区域常见的是长白落叶松沼泽林。

(11) 长白落叶松沼泽 (Form. *Larix olgensis*)

长白落叶松和苔草为优势种组成长白落叶松 – 苔草沼泽群落。分布在长白山和图们江源头区域海拔 900m 以上的丘陵山地和熔岩台地的平浅沟谷与河滩，和龙的黄松堡等地林区。常见的是长白落叶松—油桦—修氏苔草沼泽。

群落地表平坦低洼，季节性积水，地下水位较高，距地表 20~40cm，水分来源以地下水和地表径流为主，水的 pH 值为 5.6。土壤为沼泽土和泥炭沼泽土，泥炭层薄，一般厚度为 30~50cm，个别的可达到 80cm。

植物种类多，有 17 科 20 种。种子植物中有松科、桦本科、石竹科、毛茛科、蔷薇科、牻牛儿苗科、伞形科、唇形科、忍冬科、菊科、禾本科、莎草科和百合科。莎草科为草本层的优势种。蕨类植物有木贼科，藓类植物有塔藓科、金发藓科和提灯藓科。植物种类都是富营养沼泽植物，土壤养分较多，为富营养沼泽。

群落的外貌鲜绿色，林冠整齐，郁闭度 65% 左右。群落结构分层明显，有乔木层、灌木层和草本层。乔木层以长白山落叶松为建群种，偶有白桦，由于此类沼泽是以落叶松为主，当地俗称"落叶松甸子"或"黄花松甸子"。

灌木层的高度为 0.5~1.8m。以油桦为优势种，还生长有蓝靛果忍冬和柳叶绣线菊。草本层植物种类较多，以修氏苔草为优势种，形成草丘。草丘的高度 20~30cm，直径 20cm 左右，草丘上伴生有杂类草，有小白花地榆、大叶章、翻白蚊子草、京风毛菊、大花老鹳草、全叶当归、沼繁缕等。草丘间小湿洼地过湿，雨日积水，生长有喜湿植物，驴蹄草和水木贼。局部地段上有金星蕨和紫萁，草丘的边缘有藓类植物细叶曲尾藓、金发藓、镰刀藓，在与非沼泽地接壤处，常有少量塔藓。

地表终年积水、水微微流动，雨季水深可达 30cm。因而，群落的植物种类少。乔木相同，灌木层也以油桦为优势种，伴生有少数蓝靛果忍冬，无柳叶绣线菊。草本层优势种也是修氏苔草。由于积水较深和水流动的冲刷作用，草丘高大，高度可达 50cm 左右，盖度 40% 左右。草丘上伴生植物种少，只有小白花地榆和大叶章。丘间积水中有喜湿植物芦苇和水木贼。

以长白落叶松和苔藓植物为共建群种可组成长白落叶松 – 藓类沼泽群落。分布于长白山和图们江源头自然保护区的熔岩台地平坦低洼处。常见的是长白落叶松 – 油桦 – 笃斯越橘 – 藓类沼泽。

群落所处地形平坦、低洼。地表过湿，季节性积水，积水的深度5～10cm，泥炭剖面的下层泥炭的植物残体，主要是落叶松的残枝和根，以及苔草的残根和叶。说明本群落与落叶松—苔草沼泽有发生上的联系，也可以说是由前类沼泽发展而来的。

植物种类成分种子植物中有松科、桦木科、蔷薇科、忍冬科、杜鹃花科、菊科、莎草科和百合科。其中杜鹃花科植物种略多，有3种，占植物总数的20%，蔷薇科和莎草科植物各有2种，各占植物总数的13.3%。其他科植物各有1种，占植物总数的6%。松科、莎草科和桦木科植物种数少，但个体的数量多、盖度大，成为各层的优势种，决定了群落的外貌和性质。藓类植物有泥炭藓科、金发藓科和绢藓科，占植物总数的20%，是地被层的优势种。

植物群落的外貌，呈疏林景观，林冠不整齐，高低不一，树冠不相接，郁闭度为50%左右。群落结构复杂，可分为乔木层、灌木层、小灌木层、草本层和藓类地被层共五层，是森林沼泽中层次最复杂的类型。

Ⅴ. 灌丛沼泽

灌丛沼泽系指在地表过湿或积水的地段上，以喜湿的灌木为主所组成的沼泽植物群落。我国的灌木沼泽广泛分布在全国各地，在图们江源头区域常见的有2个群系，该群落由桦属中喜湿的灌木状桦和苔草所组成的沼泽，为桦灌丛沼泽，其中小叶杜鹃—油桦群系为本地独特的群系。

（12）油桦－苔草沼泽（Form. *Betula ovalffolia* – *Carex* sp.）

该群落以油桦和苔草为共优势种所组成的沼泽。主要分布于大兴安岭、小兴安岭和长白山及图们江源头区域。常分布在苔草沼泽的外缘或落叶松－油桦－苔草群落的外缘。有时也分布在上述两种群落之间的过渡带，是由湿草甸演替而成的。

群落的地表过湿或季节性积水，地下水位较高，距地表30～50cm，土壤为沼泽土、泥炭沼泽土或泥炭土。泥炭层的厚度不等，一般在30～50cm，最厚可达1m以上。

群落的植物种类较多，有18科23种。以被子植物为主，蕨类植物和苔藓植物少。被子植物中有杨柳科、桦木科、蓼科、毛茛科、虎耳草科、蔷薇科、豆科、牻牛儿苗科、堇菜科、伞形科、唇形科、茜草科、菊科、禾本科、莎草科和鸢尾科。蕨类植物有木贼科、金星蕨科。苔藓植物有曲尾藓科。各科植物中毛茛科、蔷薇科、唇形科、菊科和莎草科的植物各有2种，其他科植物只有1种，各科植物的多度不同，桦木科只有1种油桦。

（13）小叶杜鹃、油桦（Form. *Rhododendro parvmpllum* – *Betula ovaldella*）

以杜鹃花科小叶杜鹃和桦木科油桦为优势种，决定群落的外貌。在图们江源头区域形成了大面积的灌丛沼泽。

群落地表为季节性积水，局部为常年积水。植物组成较丰富，有19科25种。主要是被子植物、苔藓植物和蕨类植物。被子植物有杜鹃花科、桦木科、杨柳科、毛茛科、蔷薇科、豆科、牻牛儿苗科、柳叶菜科、伞形科、唇形科、玄参科、茜草科、菊科、禾本科和莎草科。

群落外貌春、夏季较华丽。绿色灌木散生在百花盛开的草丛中。群落结构可分两层，上层为灌木层，小叶杜鹃、油桦为优势种，高度1～2m，盖度30%～40%，伴生有柳叶绣线菊和金露梅。草本层有修氏苔草、灰脉苔草和羊胡子草等为共优势种，形成草丘。草丘的高度10～25cm，直径25～30cm，盖度50%左右。草丘上生长的杂类草中有小白花地榆、大花马先蒿和梅花草，中生植物较多，如七瓣莲、柳兰、龙胆、小叶当归等。草丘间小湿洼地中有驴蹄草，丘的边缘有提灯藓。群落边缘与落叶松林相邻处，有塔藓等。

Ⅵ. 草丛沼泽

草丛沼泽是由草本植物组成的群落。是我国湿地植被中，类型最多、面积最大、分布最广的一种类型。图们江源头区域包括5个群系。

（14）乌拉苔草沼泽（Form. *Carex mexerlana*）

乌拉苔草沼泽是以乌拉苔草为优势所组成的群落，也是苔草沼泽中主要类型之一。分市较广，以东北地区分布面积较大。

群落内地表常年积水或季节性积水。水深5~30cm不等，土壤为草甸沼泽土，泥炭沼泽土或泥炭，群落有被子植物9个科12个种，藓类植物少，被子植物中以莎草科为主，其次为蔷薇科，还有毛茛科、伞形科、龙胆科、唇形科、禾本科、鸢尾科，兰科和泥炭藓科等。

（15）灰脉苔草沼泽（Form. *Farex appendlculata*）

灰脉苔草群落是以灰脉苔草为优势种所组成的群落。它主要分布于东北的大兴安岭、小兴安岭和长白山地及图们江源头区域的沟谷、河漫滩以及河滩和阶地上洼地。

群落地表为季节性积水或多年积水，水深0~10cm。以地下水和河流泛滥水补给为主。土壤为草甸沼泽土或泥炭沼泽土。

群落的植物组成主要是莎草科、禾本科、唇形科和蔷薇科，还有毛茛科、虎耳草科、牻牛儿苗科、堇菜科、伞形科、败酱科、金星蕨科，以莎草科植物占优势，个体数量多，盖度也大。

（16）修氏苔草沼泽（Form. *Carex schmidt*）

修氏苔草沼泽该群落主要分布于大兴安岭、小兴安岭和长白山地和图们江源头区域的低山丘陵沟谷中，是东北区典型草丛沼泽之一。沼泽地表过湿，雨季季节性积水，积水时间较长，水的深度达10cm左右，土壤为沼泽土或泥炭土。土壤的泥炭层薄，小于1m。修氏苔草又称膨囊苔草，为密丛型苔草，形成草丘，俗称"踏头墩子"，又称此类沼泽为"踏头甸子"。

群落的植物种较多，共有20科、23种。主要是被子植物和少数蕨类植物。被子植物中有蓼科、石竹科、蔷薇科、毛茛科、豆科、千屈菜科、伞形科、牻牛儿苗科、龙胆科、唇形科、玄参科、茜草科、报春花科、菊科、禾本科、莎草科、百合科和鸢尾科。蕨类植物中有木贼科和金星蕨科。莎草科植物多度多，盖度大，是群落的优势层片，决定群落的性质。

群落外貌的季节变化明显，群落总盖度为70%~80%。结构简单，只有草本层。按草层的高度分两个亚层。第一层为高草层，高度为1.2~1.5m，以杂类草为主，但盖度小，多度少，有小白花地榆、小叶章、大花马先蒿、紫花鸢尾、黄花菜、展枝唐松草等；第二层为矮草层，高度为20~50cm，盖度50%~60%，以莎草科修氏苔草为优势种，形成高大的草丘，丘高20~30cm，直径30~50cm，盖度为50%。丘间有积水，因为受流水的冲刷作用的影响，草丘上粗下细，人踏在上面摇摆，难以通行，故称草丘为"踏头"，称此沼泽为"踏头甸子"。草丘上伴生有杂类草，多数为湿生植物如薄叶黄芪、箭叶蓼、猪殃殃、细叶繁缕、狭叶地瓜苗、齿叶风毛菊、金星蕨等。草丘间洼地的积水中有沼生植物、驴蹄草、狭叶泽芹、水木贼和球尾花等。

（17）芦苇沼泽（Form. *Phragmites australis*）

以芦苇为建群种，在图们江源头区域主要分布在图们江流域宽阔缓流区域及河滩洼地。

（18）香蒲沼泽（Form. *Typha orintalis*）

以香蒲为建群种，在图们江源头区域主要分布在图们江流域宽阔缓流区域及河滩洼地。有时也见于常年积水的森林湿地之中。

5.3 植被类型特点及保护策略

综上所述，图们江源头区域的植被特点：类型丰富，具有较强的自然性和代表性。图们江源头区域是在和龙林业管理局下属林场内，地处国有林区，受到的外来干扰较少，此外保护区所在地海拔较高，地形复杂，交通不便，因此当地的代表性自然植被得到了较好的保留。保护区整体海拔较高，相对海拔高差也较大，为植被的多样性提供了丰富的环境条件。保护区内的针叶林、阔叶林和沼泽植被发育旺盛，特征明显，丰富多样，具有很高的区域植被代表性和保护价值。

图们江源头区域植物种类繁多，珍贵树种丰富，森林覆盖率较高，生态效益显著，林区物种繁多，自然景观独特，地表水、地下水资源丰富，土地类型复杂，野生动植物种类繁多，是保存相对较完好的自然环境及生态系统，独特的自然景观和人文景观为旅游业提供了丰富的物质基础。

开发森林资源、保护森林生态环境的对策主要有：

（1）合理开发利用森林资源，协调好人口、经济和发展林业的关系；

（2）全面贯彻落实"以营林为基础"发展林业的方针；

（3）采用现代科学技术手段，全面提高林业的经济效益；

（4）实行新的技术政策；

（5）必须对林业经济政策进行改革；

（6）改革林业管理体制；

（7）加强管理，建立健全地方性法规和条例，以法治林、管林；

（8）合理调整林龄结构和林种结构；确定图们江地区土地利用的合理结构必须做到因地制宜，必须考虑经济效益问题，应能发挥图们江地区植被的优势，使生态环境得到保护和改善。

第三篇

动物资源

第6章

动物区系特征

6.1 动物区系概况

图们江源头区域位于长白山山脉，有着良好的针叶林和针阔混交林自然环境，同时保护区还毗邻图们江，自然景观丰富，为众多野生动物提供了较好的栖息场所。

据《和龙森工局志》记载，在1982年吉林省林业勘察大队做过初步调查。1982年调查结果表明"全区珍贵动物有马鹿、紫貂、猞狸、獐子；经济动物有：野猪、熊、狍子、水獭、湖里、狼、貉子、土豹子、狗獾、蜜狗、松鼠、野兔、黄鼠、榛鸡、雉鸡，野生动物遍布林区各地。"但是本次访问调查中，林场工人表示某些兽类如豹子、紫貂等已多年未见。本次外业调查历时2012年春夏秋三季，并与当地林业工作者合作，对所在区物种的区系组成和分布情况进行了认真调查并总结。结果表明，在图们江源头区域分布有脊椎动物5纲26目57科182种，其中有国家Ⅱ级保护野生动物22种。另外，根据最新的研究结果，图们江源头区域也是东北虎在我国的潜在分布区。

调查表明，在图们江源头区域分布的兽类共计6目10科15种，占长白山山脉区域总种数的31.3%。鸟类共计13目37科142种，占长白山山脉区域已知鸟类总种数的59.2%。爬行类共计2目3科8种，占长白山山脉区域已知两栖类总种数的66.6%。两栖类共计2目3科6种，占长白山山脉区域已知两栖类总种数的66.6%。在图们江源头区域及其邻近地区，分布的鱼类共有1纲3目4科11种。

在图们江源头区域共分布着22种国家重点保护野生动物中，均为国家Ⅱ级保护野生动物，其中兽类3种、鸟类19种。

区域内分布的国家Ⅱ级保护野生动物有鸳鸯(*Aix galericulata*)、黑鸢(*Milvus migrans*)、白尾鹞(*Circus cyaneus*)、雀鹰(*Accipiter nisus*)、松雀鹰(*Aviceda virgatus*)、苍鹰(*Accipiter gentiles*)、大鵟(*Buteo hemilasius*)、普通鵟(*Buteo buteo*)、毛脚鵟(*B. lagopus*)、红隼(*Falco tinnunculus*)、红脚隼(*Falco amurensis*)、猎隼(*F. cherrug*)、花尾榛鸡(*Tetrastes bonasia*)、纵纹腹小鸮(*Athene noctua*)、长耳鸮(*Asio otus*)、雕鸮(*Bubo bubo*)、红角鸮(*Otus scops*)、领角鸮(*O. bakkamoena*)、长尾林鸮(*Strix uralensis*)、马鹿(*Cervus elaphus*)、黑熊(*Ursus thibetanus*)、棕熊(*Ursus arctos*)。

图们江源头区域还分布着进入《濒危野生动植物种国际贸易公约》附录Ⅰ物种2种，即黑熊和棕熊。《濒危野生动植物种国际贸易公约》附录Ⅱ收录物种18种，即豹猫、全部隼型目鸟类和全部鸮型目猛禽。

6.2 调查方法

调查根据不同脊椎动物类型采用不同的调查方法，以样带法为主，尽量做到在不同生境中都设置样带。哺乳动物样线调查主要通过动物活动痕迹来判断物种，包括足迹、粪便、取食痕迹以及毛发等证据，并结合文献调查，访问公园员工，同时采用了红外触发相机调查法。鸟类采用样带观察法，样带单侧宽100m，以望远镜（10×）观察，并辅助以鸣声特点判断鸟类种类。两栖爬行动物调查方法在查阅相关文献的基础上，根据当地两栖爬行动物分布特点，确定调查样线3条，确定调查样点8个，设陷坑及陷笼广泛采集标本，并发动林场职工广泛提供线索。鱼类采取网捕法加以调查。

6.3 脊椎动物区系分析

图们江源头区域在我国动物地理区划中处于古北界东北区，地形以山地和林间湿地为主，拥有较丰富的脊椎动物物种资源，其中哺乳纲、鸟纲、爬行纲、两栖纲的地理分布型统计结果见表6-1。

表 6-1　图们江源头区域两栖纲、爬行纲、鸟纲、哺乳纲地理分布型

纲	东洋种		古北种		广布种		总种数
	种数	百分比	种数	百分比	种数	百分比	
哺乳纲	2	13.3%	12	80.0%	1	06.7%	15
鸟纲	23	16.2%	79	55.6%	40	28.2%	142
爬行纲	1	12.5%	3	37.5%	4	50.0%	8
两栖纲	0	00.0%	2	33.3%	4	66.7%	6
合计	26	15.2%	96	56.1%	49	28.7%	171

从上表可以看出，在全部271种陆生脊椎动物中，东洋界物种占15.2%；古北界物种占56.1%；广布种占28.7%，物种区系组成以古北界成分占优势，为比较典型的古北界东北区区系类型。

就鱼类的区系组成看，属于古北界区系类型，这与该地区所处的动物地理区划特征是一致的。

第 7 章

动物物种

7.1 哺乳类

7.1.1 区系组成

调查表明，在图们江源头区域分布的兽类共计 6 目 10 科 15 种，占长白山山脉区域已知爬行类总种数的 31.3%（表 7-1）。

表 7-1 图们江源头区域兽类目、科、种数统计

目	科数	种数
食虫目	1	1
翼手目	1	1
兔形目	1	1
啮齿目	1	3
偶蹄目	2	3
食肉目	4	6
合计	10	15

从兽类的区系组成看，东洋界物种有 2 种，占 13.3%；古北界物种有 12 种，占 80.0%；广布种有 1 种，占 6.7%。可以看出，物种的区系组成以古北界和广布种成分占优势，这与该地区所处的动物地理区划特征是一致的。

7.1.2 种类与分布状况

哺乳动物对环境适应能力较强，所以种群扩散能力强，分布范围较广。图们江源头区域由于海拔相对较低，除了啮齿目、兔形目种类在保护区广为分布外，其它兽类则主要分布于人为干扰相对较少的山地森林中。

按生态类型区分，大致可分为森林兽类和居民点兽类 2 种类型。

（1）森林兽类

保护区绝大部分地区均为针叶林及针阔混交林，隐蔽条件较好，人类活动的干扰也较少，适宜各种森林兽类生存繁衍。如达乌尔刺猬（*Mesechinus dauuricus*）、马鹿（*Cervus elaphus*）和黑熊

（*Ursus thibetanus*）等森林兽类均出没于此类生境中。

（2）居民点兽类

栖息于居民点的兽类主要是翼手类和啮齿类动物。翼手类白天栖息于屋檐下和墙洞内，夜间飞出活动觅食。啮齿类主要有褐家鼠和小家鼠等。居民点周边的农田是兔形目和啮齿类动物的主要生境。

在兽类资源利用方面，野猪在该地区分布较广，且已具有一定的种群规模，可适当开展开发利用。

7.1.3 重点保护兽类

在上述 15 种兽类中，属于国家 II 级重点保护的兽类有 3 种，即马鹿（*Cervus elaphus*）、黑熊（*Ursus thibetanus*）、棕熊（*Ursus arctos*）。

（1）马鹿（*Cervus elaphus*）

马鹿是仅次于驼鹿的大型鹿类，因为体形似马而得名，体长为 160 ~ 250cm，尾长 12 ~ 15cm，肩高约 150cm，体重一般为 150 ~ 250kg，雌兽比雄兽要小一些。它的夏毛较短，没有绒毛，一般为赤褐色，背面较深，腹面较浅，故有"赤鹿"之称；马鹿属于北方森林草原型动物，但由于分布范围较大，栖息环境也极为多样。

（2）黑熊（*Ursus thibetanus*）

黑熊在我国也被称为狗熊、熊瞎子或狗驼子。黑熊的体型只能算中等，头至躯干约 120 ~ 180cm 高，母熊的体型比较小。黑熊的体毛粗密，一般为黑色（也有棕色），头部又宽又圆，耳朵圆，眼睛比较小。黑熊以四只脚行走，属跖行类动物，四肢粗壮有力，脚掌硕大，尾巴较短。黑熊属林栖动物，特别是植被茂盛的山地。

（3）棕熊（*Ursus arctos*）

棕熊，别名马熊。主要分布于森林和山区。其身长雄性一般为 170 ~ 280cm，尾长有 8 ~ 14cm。体重通常雄性可达 540 ~ 650kg。而雌性为 150 ~ 300kg，但体形大的个体并不少见，不少的雄性能达到 600 千克，而且过冬前的体重会比平时大得多。棕熊是杂食动物，以许多东西为食，包括根、嫩芽、真菌、鱼、昆虫及小型哺乳动物。

（4）东北虎（*Panthera tigrisaltaica altaica*）的潜在分布区

虎是大型食肉目猫科动物，1994 年世界野生动物基金会（WCS）将其列为世界十大濒危动物，被中国列为国家 I 级重点保护野生动物。东北虎是现存 5 个亚种中体型最大的。野生东北虎目前主要分布于中国黑龙江省和吉林省东部山区、俄罗斯远东地区和朝鲜北部。近年来由于栖息地的退化和破碎化、生态系统的破坏、地域隔离以及人类大规模的偷猎捕杀等原因，使野生东北虎数量急剧下降，目前已处于濒临绝迹的边缘，全球仅约 360 ~ 450 只。东北虎是世界濒危物种（Endangered species）和区域旗舰物种（Flag species），数量稀少，急需保护，而且由于野生东北虎处于食物链的顶层，扮演着生态系统调节者的角色，通过保护该指示物种可以更有效地保护区域生态系统和其它濒危物种。目前，各国已着手通过扩大保护区范围或在孤立的保护区之间建立生态廊道来保证这些活动范围较大的物种的可持续生存。黑龙江省与相邻的俄罗斯和吉林省之间都有东北虎的迁移通道，加强这些生态通道的保护和管理，无疑对东北虎的保护和种群恢复具有重要意义。

一直以来，建立保护区要通过划分监测区、建立监测点、专业人员和当地野生动物保护管理人员协同监测，以及设立监测固定样线定期监测等方法掌握和了解东北虎的数量、分布区的变动、栖息地变化的影响、可捕食猎物丰富度与东北虎活动的关系、东北虎生态通道与迁移规律等基础情况，而随着计算机技术和空间技术的发展，现已开始通过综合分析猎物数量及分布、植被的卫星图像等因素，利用 GIS 空间分析技术提取有蹄动物数量、分布以及它们与栖息地特性的联系等相关信息，进而为东北虎的保护奠定了基础。保护一个物种最重要的是保护其生存的环境。野生动物的生境是指能为特定的野生动物提供生活必需条件的空间单位，包括栖息地、食物、水源等。生境质量（Habitat quality）与生境适宜度（Habitat suitability）是生境评价的常用指标。

2011 年，栾晓峰等在广泛收集资料的基础上，选取植被类型、猎物密度、人类干扰三项因子作为影响因素，对东北虎生境适宜性进行了评价，并根据现有保护区的分布情况，进行了保护空缺（GAP）分析（图 7-1），提出了优先保护规划建议。图们江源头区域在其评价结果中属于高适宜（Highly suitable）和中适宜（Moderately suitable）潜在栖息地范围内，是东北虎的潜在分布区。

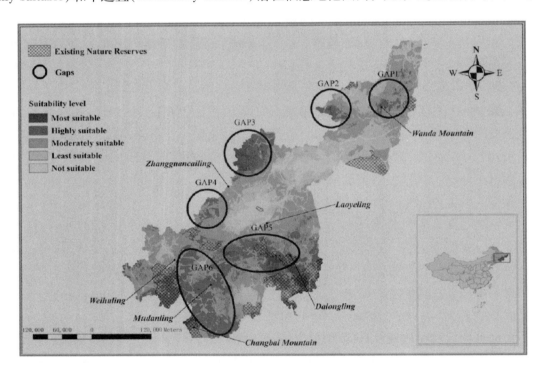

图 7-1　东北虎的栖息地适宜性评价结果（参考 Luan et al，2011）

7.2　鸟类

7.2.1　区系组成

调查表明，在图们江源头区域分布的鸟类共计 13 目 37 科 142 种，占长白山山脉区域已知爬行类总种数的 59.2%。其中以雀形目的鸟类种类最多，计 97 种，占该地区鸟类总种数的 68.3%（见表 7-2）。

表 7-2　图们江源头区域鸟类目、科、种数统计

目	科数	种数	目	科数	种数
鸊鷉目	1	1	鸮形目	1	6
雁形目	1	1	夜鹰目	1	1
隼形目	2	11	雨燕目	1	2
鸡形目	2	4	佛法僧目	2	4
鸻形目	2	3	䴕形目	1	6
鸽形目	1	4	雀形目	21	97
鹃形目	1	2	合计	37	142

从鸟类的区系组成看，东洋界物种有 23 种，占 16.2%；古北界物种有 79 种，占 55.6%；广布种有 40 种，占 28.2%。可以看出，物种的区系组成以古北界成分占优势，这与该地区所处的动物地理区划特征是一致的。

从鸟类的居留型看，本区的留鸟有 60 种，占 42.2%；夏候鸟有 79 种，占 55.7%；冬候鸟有 3 种，占 2.1%（见表 7-3）。

表 7-3　图们江源头区域鸟类居留型及繁殖情况

地理型	种类	繁殖鸟种类及比例				非繁殖鸟种类及比例	
		留鸟	夏候鸟	小计	比例	冬候鸟	比例
东洋界	23	7	16	23	16.2%	0	0.00%
古北界	79	31	46	77	54.2%	2	1.4%
广布型	40	22	17	39	27.5%	1	0.7%
合计	142	60	79	139	97.9%	3	2.1%

从鸟类的繁殖情况看，共有 139 种鸟类在该地区繁殖，占该地区鸟类总种数的 97.9%；非繁殖鸟类有 3 种，占该地区鸟类总种数的 2.1%。可见，繁殖鸟类构成了本地区鸟类的基本种群。该地区鸟类物种多样性在夏季达到一个高峰，且由于鸟类在哺育幼鸟时需捕捉大量昆虫，所以和龙保护区分布的鸟类对于森林害虫有较好的生物防治作用。

东洋界成分的繁殖鸟占本区鸟类总种数的比例为 16.2%，古北界成分的繁殖鸟占本区鸟类总种数的比例为 54.2%，广布种繁殖鸟占本区鸟类总种数的比例为 27.5%，说明该地区环境条件较好，是鸟类繁衍后代的良好场所。

7.2.2　种类与分布状况

鸟类的分布状况是与其生态需求相一致的，食物、隐蔽条件和水是要考虑的三大要素。在图们江源头区域，雁鸭类等游禽主要分布于图们江及其附属湿地；鸡形目、鸳形目、夜鹰目等鸟类主要分布于山地森林地带；雀形目的鸟类则在全区广泛分布，尤以农田、居民点周围的数量最多。鸟类分布大致可分为以下三种情况。

（1）林地鸟类

保护区绝大部分地区均为针叶林及针阔混交林，因此适应林地生活的攀禽和鸣禽在这个区域乃至整个保护区都是优势鸟种。该区域主要是森林鸟类活动，既有杜鹃、啄木鸟类、鸠鸽类活动，也有黑卷尾、大山雀等雀形目鸟类。

（2）湿地鸟类

图们江源头区域毗邻图们江，内有大量林间湿地和小型湖泊，湿地内生有多种沉水和挺水植物，水生生物资源丰富，鸟类在此可以获得丰富的食物和良好的隐蔽场所，是较为适宜的栖息地。水面有雁鸭类和䴙䴘类等鸟类活动。滩涂区有鸻鹬类等鸟类活动。值得一提的是保护区内有较多林间湿地和大型树洞巢址，较为合适鸳鸯这一保护物种的繁殖活动。

（3）居民点鸟类

居民点周边多为阔叶林和农田为主，周边生长灌丛，生境类型复杂多样。由于该生境下人类活动干扰频繁，鸟类大多是与人类活动关系密切的种类，种类和数量均较丰富。常见的鸟类有环颈雉、家燕、金腰燕、灰喜鹊、珠颈斑鸠等。

7.2.3 重点保护鸟类

在图们江源头区域内分布的 167 种鸟类中，属于国家Ⅱ级重点保护的鸟类有鸳鸯（*Aix galericulata*）、红隼（*Falco tinnunculus*）、长耳鸮（*Asio otus*）等 19 种。《中国濒危动物红皮书》收录的动物一种，牛头伯劳（*L. bucephalus*）。

（1）鸳鸯（*Aix galericulata*）

体小（40cm）而色彩艳丽的鸭类。雄鸟有醒目的白色眉纹、金色颈、背部长羽以及拢翼后可直立的独特的棕黄色炫耀性帆状饰羽，雌鸟不甚艳丽。雄鸟的非婚羽似雌鸟，但嘴为红色。全球性近危，繁殖于中国东北但冬季迁至中国南方。营巢于树上洞穴或河岸，活动于多林木的溪流。

（2）黑鸢（*Milvus migrans*）

体型中等，60～70cm。脸、颏、喉部污白色，耳羽黑褐色，上体羽深褐色，初级飞羽黑褐色，飞行时翅下具明显的大白斑，下体暗棕褐色，尾略显分叉。栖息于山地、村落。捕食鱼、蛙、鸟、蛇、鼠、兔、昆虫。2～6月繁殖。

（3）白尾鹞（*Circus cyaneus*）

体型中等，体长 40～50cm。雄鸟上体蓝灰色，下体白色，尾上覆羽纯白，中央尾羽银蓝灰色，外侧尾羽褐灰色，杂暗灰色横斑，翼尖黑色。雌鸟上体暗褐色，下体棕黄色，具褐色纵纹。栖息于水域附近开阔地。捕食鼠、小鸟。4～7月繁殖。

（4）雀鹰（*Accipiter nisus*）

体形中等，35～45cm。眉纹白色，上体褐灰，白色的下体上多具棕色横斑，下体白色杂褐色横纹，颏喉部密布褐色细纵纹，尾长，具 4～5 道黑褐色横带。栖息于森林边缘、开阔地草地。捕食鼠类和鸟类。5～7月繁殖。

（5）松雀鹰（*Aviceda virgatus*）

体形中等，30～40cm。无冠羽，上体黑灰色，下体白色具褐色横斑，喉白具黑色中央条纹，尾具 4 道横斑，下体白，两胁棕色且具褐色横斑，喉白而具黑色喉中线，有黑色髭纹。栖息于针叶林和混交林，振翅较迅速，结群迁徙。捕食小鸟、昆虫。4～6月繁殖。

（6）苍鹰（*Accipiter gentiles*）

体型中等，50～65cm。头黑色，具白色眉纹，上体苍灰色，下体污白色，喉部具黑褐色细纵纹，胸、腹、两胁、覆腿羽具黑褐色横斑，尾长，具4道宽阔的黑褐色横斑，尾端污白色。栖息于山地各种林型。捕食兔、鼠。5～6月繁殖。

（7）大鵟（*Buteo hemilasius*）

体型较大，体长60～70cm。有淡色型和暗色型，上体暗褐色，下体棕黄色，具棕褐色纵纹，尾羽暗褐色，具3～11道横斑，飞行时两翼下有白斑，翼角黑色。栖息于高山带。捕食鼠、雉类、蛙、昆虫。4－7月繁殖。

（8）普通鵟（*Buteo buteo*）

体形中等，体长50～60cm。体色有淡色型（以灰褐色为主）、棕色型（棕色为主）和暗色型（黑褐色），各色型两翼下均具白色横斑，尾羽短，灰褐色，有4～5道不明显的黑褐色横斑。栖息于旷野、疏林，捕食鼠、昆虫和其他小动物。4～6月繁殖。

（9）毛脚鵟（*B. lagopus*）

体形中等，体长50～60cm。似普通鵟，上体褐色，羽缘白色，下体棕白，具褐色斑，飞羽基部白色斑显著，翼角具黑斑，尾羽基部白色，末端具黑褐色次端斑。栖息于荒野、农田、林缘。捕食鼠类、兔、雉鸡。4～6月繁殖。

（10）红隼（*Falco tinnunculus*）

体形较小，体长30～35cm。尾羽显著凸状，雄鸟头、颈灰蓝色，髭纹黑色，上体淡砖红色，下体棕黄色，尾羽有显著的宽阔黑色次端斑。雌鸟略大，上体棕红色。栖息于山地森林、低山丘陵、旷野、村庄附近，飞行迅速，可悬停空中。捕食昆虫、小鸟、鼠、蛙。5～7月繁殖。

（11）红脚隼（*Falco amurensis*）

体形较小，体长25～35cm。雄鸟上体石板灰色，覆腿羽、尾下覆羽栗红色，蜡膜和脚红色，飞行时翼下覆羽白色，飞羽黑色。雌鸟上体暗灰色，具褐色点斑，腹棕黄，有黑色点斑，尾羽具黑色次端斑。栖息于森林、草原、山谷、农田。捕食昆虫、蜥蜴等。5～7月繁殖。

（12）猎隼（*F. cherrug*）

体型中等，体长35～45cm。头顶褐色，眼下方具不明显黑色线条，眉纹白，上体灰褐色，具棕色点斑和横斑，翅尖黑色，下体乳黄，杂褐色粗纹，尾具8cm10道白横斑，尾下覆羽污白。栖息于丘陵、平原。捕食鼠、兔、鸟、蛇、蛙。4～5月繁殖。

（13）花尾榛鸡（*Tetrastes bonasia*）

体型小（36cm）的松鸡。具明显冠羽，喉黑而带白色宽边。上体烟灰褐色，蠹斑密布。下体皮黄，羽中部位带棕色及黑色月牙形点斑。两胁具棕色鳞状斑。红色的肉质眉垂不明显。常见于东北海拔800～2100m的针叶林区及有森林覆盖的平原地区。多成对活动。雏鸟数日龄就能飞上树。喜近溪流的稠密桦树及桤木缠结处。

（14）纵纹腹小鸮（*Athene noctua*）

体小（23cm）而无耳羽簇的鸮。头顶平，眼亮黄，浅色的平眉及宽阔的白色髭纹使其看似狰狞，上体褐色，具白色纵纹及点斑，下体白色，具褐色杂斑及纵纹，肩上有两道皮黄色的横斑。栖息于低山丘陵、林缘及平原森林地带。捕食鼠类、鸟类、昆虫等。5－7月繁殖。

（15）长耳鸮（*Asio otus*）

中等体型（36cm）的鸮。皮黄色圆面庞缘以褐色及白色，具两只明显耳羽簇，眼红黄色，上体褐色，具暗色块斑及皮黄色和白色的点斑，下体皮黄色，具棕色杂纹及褐色纵纹或斑块。栖息于针叶林、针阔混交林及阔叶林中。捕食鼠类、鸟类、昆虫等。4~6月繁殖。

（16）雕鸮（*Bubo bubo*）

体型硕大（69cm）的鸮。耳羽簇长，橘黄色的眼特显形大，体羽褐色斑驳，胸部便黄，多具深褐色纵纹且每片羽毛均具褐色横斑，羽延伸至趾。栖息于山地森林、平原、荒野及高山。捕食中小型兽类、鸟类等。4~7月繁殖。

（17）红角鸮（*Otus scops*）

体小（20cm）的"有耳"型角鸮。面盘呈灰褐色，具纤细的黑纹，眼黄色，耳羽簇明显，后颈有白色的点斑，体羽多纵纹，有棕色型和灰色型之分，嘴角质色。栖息于山地阔叶林、混交林。捕食鼠类、鸟类、昆虫等。5~8月繁殖。

（18）领角鸮（*O. bakkamoena*）

体型略大（24cm）的偏灰褐色角鸮。具明显耳羽簇及特征性的浅沙色颈圈，上体偏灰或沙褐，并多具黑色及皮黄色的杂纹或斑块，下体皮黄色，条纹黑色。栖息于山地阔叶林、混交林，也出现于林缘。捕食鼠类、昆虫等。3~6月繁殖。

（19）长尾林鸮（*Strix uralensis*）

体型略大（24cm）的偏灰褐色角鸮。具明显耳羽簇及特征性的浅沙色颈圈，上体偏灰或沙褐，并多具黑色及皮黄色的杂纹或斑块，下体皮黄色，条纹黑色。栖息于山地阔叶林、混交林，也出现于林缘。捕食鼠类、昆虫等。3~6月繁殖。

（20）牛头伯劳（*L. bucephalus*）

中等体型（19cm）的褐色伯劳。头顶褐色，尾端白色。飞行时初级飞羽基部的白色块斑明显。雄鸟，过眼纹黑色，眉纹白，背灰褐。雌鸟，褐色较重，夏季色较淡而较少赤褐色。甚常见留鸟。喜次生植被及耕地。

7.3 爬行类

7.3.1 区系组成

调查表明，在图们江源头区域分布的爬行类共计2目3科8种（表7-4），占长白山山脉区域已知爬行类总种数的66.6%。其中以蛇目的种类最多，有7种，占该地区爬行类总种数的87.5%。就爬行类的区系组成看，东洋界物种1种，占12.5%；古北界物种有3种，占37.5%；广布种有4种，占50.0%。由此可见，本区物种的区系组成以古北界物种种和广布种成分占优势，这与其所处的动物地理区划特征是一致的。

表7-4　图们江源头区域内的爬行类动物

种序号	中文名称	拉丁名
	蜥蜴目	LACERTILIA
	壁虎科	Gekokonidae
1	无蹼壁虎	*Gekko swinhonis*
	蛇目	SERPENTES
	游蛇科	Colubriae
2	乌梢蛇	*Zoacys dhumnades*

（续）

序号	中文名称	拉丁名
3	赤峰锦蛇	*Elaphe anomala*
4	白条锦蛇	*Elaphe dione*
5	虎斑颈槽蛇	*Rhobdophis tigrina*
	蝰科	Viperidae
6	短尾蝮	*Gloydius brevicaudus*
7	乌苏里蝮	*Gloydius ussuriensis*
8	岩栖蝮	*Gloydius saxatilis*

7.3.2 种类与分布状况

图们江源头区域的爬行类大都分布在沟谷溪流、湿地以及裸岩地区附近，在山地森林，尤其是阳坡中分布的较少。其中无蹼壁虎（*Gekko swinhonis*）和赤峰锦蛇（*Elaphe anomala*）主要均分布于低山林地，常在居民点附近活动。乌梢蛇（*Zoacys dhumnades*）和虎斑颈槽蛇（*Rhobdophis tigrina*）常在水田、池塘和林间湿地的浅滩处活动。白条锦蛇（*Elaphe dione*）分布较广，在低山林地、水田和山坡均可见到。短尾蝮（*Gloydius brevicaudus*）、乌苏里蝮（*Gloydius ussuriensis*）和岩栖蝮（*Gloydius saxatilis*）也分布较广，三种蝮蛇之间有重叠分布，亦都较喜欢沿公路盘卧晒太阳。

7.4 两栖类

7.4.1 区系组成

调查表明，在图们江源头区域分布的两栖类共计2目3科6种（表7-5），占长白山山脉区域已知两栖类总种数的66.6%。其中以无尾目的种类最多，有5种，占该地区两栖类总种数的83.3%。就两栖类的区系组成看，古北界物种有2种，占33.3%；广布种有4种，占66.7%。由此可见，本区物种的区系组成以古北界物种种和广布种成分占优势，这与其所处的动物地理区划特征是一致的。

表7-5 图们江源头区域内的两栖类动物

种序号	中文名称	拉丁名
	无尾目	SALIENTIA
	蟾蜍科	Bufonidae
1	中华大蟾蜍	*Bufo gargarizans*
2	东方铃蟾	*Bombina orientalis*
	蛙科	Ranidae
3	黑龙江林蛙	*Rana amurensis*
4	东北雨蛙	*Hyla japonica*
5	黑斑蛙	*R. nigromaculate*
	有尾目	CAUDATA
	小鲵科	Hynobiidae
6	东北小鲵	*Hynobius leechii*

7.4.2 种类与分布状况

图们江源头区域的两栖类大都分布在林区草甸湿地。由于黑龙江林蛙的经济价值较高(哈士蟆油),当地群众有捕捉林蛙的行为,主要采用围栏陷阱法捕捉,这一行为给当地两栖类资源带来了一定的威胁。希望有关部门应注意加强对这一行为的密切监控和执法管理,以达到合理有序开发利用的目的。

7.5 鱼类

7.5.1 种类与分布状况

图们江源头区域的鱼类资源共计3目4科11种,均属硬骨鱼纲。主要分布在图们江及其支流,在林区湿地也有一定的鱼类。此外,在人工鱼塘里,也放养过鲤鱼、草鱼等经济鱼类的鱼苗。保护区分布的鱼类以鲤形目的种类最多,有9种,占该地区鱼类总种数的81.8%。

表7-6 图们江源头区域内的鱼类资源

种序号	中文名称	拉丁名
	鲤形目	Cypriniformes
	鲤科	Cyprinidae
1	宽鳍鱲	*Zacco platypus*
2	马口鱼	*Opsariichthys bidens*
3	草鱼	*Ctenopharyngodon idellus*
4	蒙古红鲌	*Erythroculter mongolicus*
5	麦穗鱼	*Pseudorasbora parva*
6	鲤	*Cyprinus carpio*
7	鲫	*Carassius auratus*
	鳅科	Cobitidae
8	泥鳅	*Misgurnus anguillicaudatus*
9	北方条鳅	*Nemachilus toni*
	鲈形目	Perciformes
	鳢科	Channidae
10	乌鳢	*Ophicephalus argus*
	鲑形目	Salmoniformes
	鲑科	Salmonidae
11	花羔红点鲑	*Salvelinus malma*

7.5.2 主要经济鱼类

图们江源头区域中的花羔红点鲑(*Salvelinus malma*)具有很高的经济价值,是当地捕捞的主要对象。花羔红点鲑当地俗名花丽羔子。花羔红点鲑属鲑科,背上有黄点,体侧有淡红色点,下部各鳍有白色边。口下位,口裂较大,呈弧形。上、下颌均具成行细齿;犁骨齿稀疏,不与腭骨齿相连;舌面亦有少数细齿。体鳞细小。雄性个体头部较尖。常洄游入海,长大后回到江河中产卵。体重平均约0.5~1.8kg,亦可能更大。主要分布在太平洋北部,我国见于黑龙江、图们江、绥芬河和鸭绿江。花羔红点鲑有陆封型和徊游型之分,在我国境内为陆封型,终身生活于江河干流及支流清冷水域。每年9~10月份,水温8℃左右时,在砾石底质、水深30~60cm的缓流处产卵。3~4龄性成熟。卵圆形,橙黄色,卵径4.2~5.0mm。怀卵量为194~310

粒。食性广，以底栖动物及落入水面的昆虫为主，有时甚至跳出水面掠食。其对水质、水温及环境要求十分苛刻。生长缓慢，一般1kg的鱼需生长五到八年，肉质极其细嫩，肉质乳白，口感无比鲜美，营养丰富，是冷水鱼类当中的精品。目前保护区境内花羔红点鲑资源已非常有限，建议开展相关的保护工作。

一些分布在山区溪流中的小杂鱼，如麦穗鱼、泥鳅、北方条鳅等，也都有一定的食用和饵料价值。

7.6 昆虫

昆虫是自然生态系统的重要组成部分，其种类占世界动物总种类的约85%以上，在维持生态平衡中发挥着不可替代的重要作用，与国家经济建设和人民生活均息息相关。但由于种种原因，人们对昆虫的了解却很少，很多种类都没有得到准确分类和鉴定，对它们的生活史也缺乏足够的了解，这给其资源的保护和合理开发利用以及病虫害防治带来了困难。在本次考察期间，由于季节关系，我们无法对图们江源头区域的昆虫资源进行全面的详细考察，主要采取了部分捕捉鉴定加二手资料收集核实的方法进行昆虫种类的确定编目，资料来源包括长白山山脉区域以往的调查研究资料。

统计表明，图们江源头区域已知有昆虫293种，隶属于10目59科。以鳞翅目种类最多，占本区昆虫总种类数的39.2%。从昆虫的区系来看，是古北界为主要成分，这与本地区所处的动物地理区划特征是一致的。

7.6.1 昆虫种类及分布

昆虫在和龙保护区内依不同环境而分布，其中鳞翅目、直翅目主要分布在保护区周边农田，同翅目和鞘翅目主要分布在林区，蜻蜓目和脉翅目主要分布在林间湿地地区（见表7-7）。

表7-7 图们江源头区域昆虫名录

目	科	种	学名
蜻蜓目 Odonata			
	蜻科 Libellulidae		
		红蜻	*Crocothemis servilia*
		褐肩灰蜻	*Orthetrum japonicum interim*
		黄蜻	*Pantala flavecens*
		白腰蜻	*Pseudothemis zonata*
		旭光赤蜻	*Sympetrum hyponelas*
		黄腿赤蜻	*Sympetrum imitens*
		褐顶赤蜻	*Sympetrum infusoatum*
	大蜻科 Macromidae		
		大蜻	*Macromia amphigema*
	蜓科 Aeschnidae		
		蓝面蜓	*Aeschna melanictera*
		马大头	*Anax parthenope julius*
		黑纹伟蜓	*Anax nigrofasciatus*
	大蜓科 Cordulegasteridae		

（续）

目	科	种	拉丁名
		大蜓	*Corduleaster* sp.
	色蟌科 Agriidae		
		绿蟌	*Mnais andersoni tenuis*
		黑色蟌	*Agrion atratum*
	山蟌科 Megapodagriidae		
		山蟌	*Mesopodagrion* sp.
		平齿山蟌	*Rhipidalestes* sp.
	综蟌科 Synlestidae		
		褐腹绿综蟌	*Megalestes chengi*
		褐尾绿综蟌	*Megalestes distans*
鞘翅目 Coleopte			
	步甲科 Carabidae		
		中华广肩步甲	*Calosoma maderae*
		行夜步甲	*Pheropsophus occipitalis*
		赤胸步甲	*Calathus halensis*
	虎甲科 Cicindelidae		
		中国虎甲	*Cicindela chinensis*
		绸纹虎甲	*Cicindela elisae*
	金龟子科 Scarabaeidae		
		黄褐丽金龟	*Anomala testaceipes*
		大黑鳃金龟	*Holotrichia diomphalia*
		华北大黑鳃金龟	*Holotrichia oblita*
		棕色鳃金龟	*Holotrichia titanis*
		黄毛鳃金龟	*Holotrichia trichophora*
		日本绒金龟	*Maladera japonica*
		小阔胫绒鳃金龟	*Maladera ovatula*
		黑绒鳃金龟	*Serica orientalis*
		褐锈花丽金龟	*Piecilophilides rusticola*
		小云鳃金龟	*Polyphylla gracilicornis*
		琉璃金龟	*Popillia atrocoerula*
		无斑弧丽金龟	*Popillia mutans*
		中华弧丽金龟	*Popillia quadriguttata*
		白星花丽金龟	*Potosia brevitarsis*
	吉丁虫科 Buprestidae		
		日本吉丁虫	*Chalcophora japonica*
		六星吉丁虫	*Chrysobothris succedanea*
	小蠹虫科 Scolytidae		
		松纵坑切梢小蠹虫	*Blastophagus piniperda*
		松横坑切梢小蠹虫	*Blastophagus minor*

（续）

（续）

目	科	种	拉丁名
		柳柏小蠹虫	*Phloeosinum aubei*
		侧柏小蠹虫	*Phloeosinum perlatus*
		榆黑小蠹虫	*Scolytoplatypus shikisanii*
	芫菁科 Meloidae		
		中国芫菁	*Epicauta chinensis*
	天牛科 Cerambycidae		
		长角大灰天牛	*Acanthocinus aedilis*
		长角小灰天牛	*Acanthocinus griseus*
		星天牛	*Anoplophora chinensis*
		光肩星天牛	*Anoplophora glabripennis*
		黄斑星天牛	*Anoplophora nobilis*
		桑天牛	*Apriona germari*
		锈色刺肩天牛	*Apriona swainsoni*
		杨红颈天牛	*Aromiamoschata*
		红缘天牛	*Asias halodendri*
		红翅杉天牛	*Callidium rufipinne*
		棕翅扁胸天牛	*Callidium villosulum*
		杨柳绿虎天牛	*Chlorophorus motschulskyi*
		杨绿天牛	*Chelidonium quadricolle*
		曲牙七天牛	*Dorysthenes hydropicus*
		双簇天牛	*Moechotypa diphysis*
		松天牛	*Monochamus alternatus*
		日本筒天牛	*Oberea japonica*
		青杨枝天牛	*Saperda populnea*
	卷叶象虫科 Attelabidae		
		白杨卷叶象	*Byctiscus congener*
		梨卷叶象	*Byctiscus befulae*
		苹果卷叶象	*Byctiscus princeps*
	象虫科 Curculionidae		
		栗实象	*Curculio davidi*
		剪枝栎实象	*Rhynchites ursulus*
		核桃横沟象	*Dyscerus juglaus*
		臭椿沟眶象	*Eucryptorrhynchus brandti*
		大球胸象	*Piazomias validus*
		松黄星象	*Pissodes nitidus*
		枣飞象	*Scythropus yasumatsui*
		大灰象	*Sympiezomias velatus*
	叶甲科 Chrysomelidae		
		中华叶甲	*Basiprionota chinensis*

（续）

目	科	种	拉丁名
		核桃扁叶甲	*Gastrolina depressa*
		榆蓝叶甲	*Pyrrhalta aenescens*
		榆黄叶甲	*Pyrrhalta maculicollis*
		杨梢叶甲	*Parnops glasunowi*
		榆紫叶甲	*Ambrostoma quadrimpressum*
		白杨叶甲	*Chrysomela populi*
		柳甘星叶甲	*Melasoma rigintipunctata*
	瓢虫科 Coccinellidae		
		隐斑瓢虫	*Ballia obscurosignata*
		二星瓢虫	*Adalia bipunctata*
		四斑月瓢虫	*Chilomenes quadriplagiata*
		黑缘红瓢虫	*Chilocorus rubidus*
		双七星瓢虫	*C. quatuordecimpustulata*
		七星瓢虫	*Coccinella septemounctata*
		黄斑盘瓢虫	*Coelophora saucia*
		多异瓢虫	*Hippodamia variegata*
		十三星瓢虫	*Hippodamia tredecimpunctata*
		异色瓢虫	*Leis axyridis*
		深点食螨瓢虫	*Stethorus punchillum*
		多星瓢虫	*Synharmonia conglobata*
直翅目 Orthoptera			
	蝗科 Acrididae		
		中华蚱蜢	*Acrida chinensis*
		长额负蝗	*Acrida lata*
		中华负蝗	*Atractomorpha sinensis*
		短星翅蝗	*Calliptamus abbteviatus*
		棉蝗	*Chondracris rosea rosea*
		中华雏蝗	*Chorthippus chinensis*
		无斑蚴蝗	*Aulacobothrus sven-hedini*
		斑角蔗蝗	*Hieroglyphus anrulicoruis*
		东亚飞蝗	*Locusta migratoria manilensis*
		山稻蝗	*Oxya agavisa*
		云斑车蝗	*Gastrimargus marmoratus*
		长翅黑背蝗	*Euprepocnemis shirakii*
		绿腿腹露蝗	*Fruhstorferiola viridifemorata*
		笨蝗	*Haplotropis brunneriana*
	螽斯科 Tettigoniidae		
		日本螽斯	*Holochlora japonica*
		纺织娘	*Mecopoda elongata*

（续）

目	科	种	拉丁名
	蟋蟀科 Grullidae		
		黄扁头蟋蟀	*Loxoblemmus arietulus*
		棺头蟋蟀	*Loxoblemmus haani*
		斗蟋蟀	*Gryllocles hemelytrus*
		小油葫芦	*Gryllus chinensis*
		黑油葫芦	*Gryllus mitratus*
		黄褐油葫芦	*Gryllus testaceus*
	蝼蛄科 Gryllotalpidae		
		东方蝼蛄	*Gryllotalpa orientalis*
		华北蝼蛄	*Gryllotalpa unispina*
		普通蝼蛄	*Gryllotalpa gryllotalpa*
同翅目 Homoptera			
	蝉科 Cicadidae		
		黑翅红蝉	*Huechys sanguinea*
		蚱蝉	*Cryptotympana atrata*
		春蝉	*Terpnosia mawi*
	蜡蝉科 Fulgoridae		
		斑衣蜡蝉	*Lycorma delicatula*
	叶蝉科 Cicadellidae		
		黑尾大叶蝉	*Cicadella ferrugineus*
		桑叶蝉	*Erythroneura mori*
		小绿叶蝉	*Empoasca flavescens*
		二点黑尾叶蝉	*Nephotettix impicticeps*
		大青叶蝉	*Tettitoniella viridis*
	飞虱科 Delphacidae		
		拟褐飞虱	*Nilaparvata bakeri*
		褐飞虱	*Nilaparvata lugens*
		白背飞虱	*Sogatella furcifera*
	木虱科 Psyllidae		
		桑木虱	*Anomoneura mori*
		槐木虱	*Psylla willieti*
	蚜科 Aphididae		
		豆蚜	*Aphis craccivora*
		栗角斑蚜	*Myzocallis kuricola*
		栗枝大蚜	*Pterochlorus tropicalis*
		桃蚜	*Myzus persicae*
	粉蚧科 Pseudococcidae		
		枣星粉蚧	*Heliococcus zizyphi*
鳞翅目 Lepidoptera			

（续）

目	科	种	拉丁名
	潜蛾科 Lyonetiidae		
		杨白潜蛾	*Leucoptera susinella*
		杨金纹潜蛾	*Phyllonorycter populifoliella*
	透翅蛾科 Aegeriidae		
		杨树透翅蛾	*Paranthrene rhingiaeformis*
		白杨透翅蛾	*Paranthrene tabaniformis*
	夜蛾科 Noctuidae		
		苹剑纹夜蛾	*Acronicta incretata*
		榆剑纹夜蛾	*Acronicta hercules*
		梨剑纹夜蛾	*Acronicta rumicis*
		大地老虎	*Agrotis tokionis*
		小地老虎	*Agrotis ypsilon*
		八字地老虎	*Agrotis c-nigrum*
		黄地老虎	*Agrotis segetum*
		葫芦夜蛾	*Anadevidia peponis*
		小造桥虫	*Anomis flava*
		鸥裳夜蛾	*Catocala patala*
		柳裳夜蛾	*Catocala electa*
		肖毛翅夜蛾	*Dermaleipa juno*
		柳金刚钻	*Earias pudicana*
		一点金刚钻	*Earias pudicana pupillana*
		鼎点金刚钻	*Earias cupreoviridis*
		臭椿皮蛾	*Eligma narcissus*
		黄地老虎	*Euxoa segetum*
		苹梢鹰夜蛾	*Hypocala moorei*
		长须夜蛾	*Hypea rostralis*
		桃逸色夜蛾	*Ipimorpha subtusa*
		甜菜夜蛾	*Laphygma exigua*
		粘虫	*Leucania separta*
		绿孔雀夜蛾	*Nacna malachitis*
		点眉夜蛾	*Pangrapta vasava*
		银纹夜蛾	*Plusia agnata*
		白条夜蛾	*Plusia albostriata*
		红棕灰夜蛾	*Polia illoba*
		斜纹夜蛾	*Prodenia litura*
		淡剑纹夜蛾	*Sidemia depravata*
	天蛾科 Sphingidae		
		葡萄缺角天蛾	*Acosmeryx naga*
		缺角天蛾	*Acosmeryx castanea*

（续）

目	科	种	拉丁名
		芝麻天蛾	*Acherontia styx*
		黄脉天蛾	*Amorpha amurensis*
		榆绿天蛾	*Callambulyx tatarinovi*
		核桃鹰翅天蛾	*Oxyambulyx schauffelbergeri*
		鹰翅天蛾	*Oxyambulyx ochracea*
		盾天蛾	*P. dissimilis dissimilis*
		紫光盾天蛾	*P. dissimilis sinensis*
		齿翅三线天蛾	*Polyptychus dentatus*
		霜天蛾	*Psilogramma menephron*
		杨目天蛾	*Smerinthus caecus*
		斜纹天蛾	*Theretra clotho clotho*
	毒蛾科 Lymantriidae		
		肾毒蛾	*Cifuna locuples*
		苹果毒蛾	*Dasychira pudibunda*
		黄尾毒蛾	*Euproctis similis*
		榆毒蛾	*Ivela ochropoda*
		角斑古毒蛾	*Orgyia gonostigma*
		古毒蛾	*Orgyia antiqua*
		侧柏毒蛾	*Parocneria furva*
		舞毒蛾	*Laelia coenosa*
		柳毒蛾	*Stilpnotia candida*
	刺蛾科 Limacodidae		
		中国绿刺蛾	*Parasa sinica*
		小白刺蛾	*Narosa edoensis*
		青刺蛾	*Parasa consocia*
		四点刺蛾	*Parasa hilarata*
		桑褐刺蛾	*Setora postornata*
		扁刺蛾	*Thosea sinensis*
	天蚕蛾科 Saturniidae		
		银杏大蚕蛾	*Dictyoploca japonica*
	螟蛾科 Pyralidae		
		米黑虫	*Aglossa dimidiata*
		栗灰螟	*Chilo infascatellus*
		二化螟	*Chilo suppressalis*
		杨黄卷叶螟	*Botyodes diniasalis*
		白杨卷叶螟	*Botyodes asialis*
		秋螟	*Omphisa plagialis*
		瓜绢螟	*Diaphania indica*
		桃蛀螟	*Dichocrocis punctiferalis*

（续）

（续）

目	科	种	拉丁名
		黑点螟	*Margaronia nigropunctalis*
		杨灰卷叶螟	*Nephopteryx maenamii*
		菜螟	*Oebia undalis*
		玉米螟	*Ostrinia nubilalis*
		印度谷螟	*Plodia interpunctella*
		泡桐螟	*Pycnarmon cribreta*
	灯蛾科 Arctiidae		
		美国白蛾	*Hlyphantria cunea*
	尺蛾科 Geometridae		
		榆花尺蠖	*Abraxas latifasciata*
		四目枝尺蠖	*Biston irrorataris*
		松尺蠖	*Biston piniarius*
		枣尺蠖	*Chihuo zao*
		木撩尺蠖	*Culcula panterinaria*
		柿星尺蠖	*Perenia giraffata*
		桑尺蠖	*Phthonandria atrilineata*
		苹烟尺蠖	*Phthonosema tendinosaria*
		黑条大白姬尺蠖	*Problepsis dizoma*
		枣步曲	*Sucra jujuba*
		核桃尺蠖	*Zamacra excavata*
	粉蝶科 Pieridae		
		斑喙豆粉蝶	*Colias erate*
		宽边小黄粉蝶	*Eurema hecabe*
	凤蝶科 Papilionidae		
		碧凤蝶	*Papilio bianor*
		金凤蝶	*Papilio machaon*
		柑橘凤蝶	*Papilio xuthus*
	眼蝶科 Satyridae		
		斗眼蝶	*Lasiommata deidamia*
		亚洲白眼蝶	*Melanergia halimede*
	蛱蝶科 Nymphalidae		
		蓝地蛱蝶	*Precis orithya*
		白钩蛱蝶	*Polygonia c-album*
		黄钩蛱蝶	*Polygonia c-aureum*
	弄蝶科 Hesperilidae		
		带弄蝶	*Lobocla bifasciata*
		赭弄蝶	*Ochlodes subhyalina*
		中华谷弄蝶	*Pelopidas sinensis*
半翅目 Hemiptera			

（续）

目	科	种	拉丁名
	盲椿科 Miridae		
		三点盲椿	*Adelphocoris fasciaticollis*
		绿盲椿	*Lygus lucorum*
		牧草盲椿	*Lygus pratensis*
		黑食蚜盲椿	*Deraeocoris punctulatus*
	缘椿科 Coreidae		
		黄伊缘椿	*Aeschymtelus chinensis*
		斑背安缘椿	*Anoplocnemis binotata*
	椿科 Pentatomidae		
		苦楝椿	*Eucorysses grandis*
		刺槐小皱椿	*Cyclopelta parva*
		细毛椿	*Dolycoris baccarum*
		赤条椿	*Graphosoma rubrolineata*
		茶翅椿	*Halyomorpha picus*
脉翅目 Neuroptera			
	草蛉科 Chrysopidae		
		大草蛉	*Chrysopa septempunctata*
		中华草蛉	*Chrysopa sinica*
双翅目 Diptera			
	瘿蚊科 Cecidomyiidae		
		食蚜瘿蚊	*Aphidoletes meridonalis*
		柳芽瘿蚊	*Rhabdophaga rosaria*
		柳枝瘿蚊	*Rhabdophaga exsiccaus*
		柳梢瘿蚊	*Rhabdophaga salicis*
		柳干瘿蚊	*Rhabdophaga saliciperda*
		柳瘿蚊	*Rhabdophaga* sp.
		枣瘿蚊	*Contarinia* sp.
		麦红吸浆虫	*Sitodiplosis mosellana*
	食虫虻科 Asilidae		
		大食虫虻	*Promachus yesonicus*
		长喙虻	*Anastoechus nitidulus*
		中国食虫虻	*Ommatius chinensis*
	食蚜蝇科 Syrphidae		
		大灰食蚜蝇	*Syrphus corollae*
		短刺腿食蚜蝇	*Ischiodon scutellaris*
		四条食蚜蝇	*Paragus quadrifasciatus*
		门食蚜蝇	*Sphaerophoria menthastri*
		细扁食蚜蝇	*Episyrphus balteatus*
		斜斑鼓额食蚜蝇	*Scaeva pyrastri*

（续）

目	科	种	拉丁名
	麻蝇科 Sarcophagidae		
		棕尾别麻蝇	*Roettcherisca peregrina*
		松毛虫咩麻蝇	*Burmlanomyia beesoni*
	寄蝇科 Tachinidae		
		粘虫缺须寄蝇	*Cuphocera varia*
		蚕饰腹寄蝇	*Crossocosmia zebina*
		松毛虫狭额寄蝇	*Carcelia rasella*
		毛虫追寄蝇	*Exorista amoena*
		伞裙追寄蝇	*Exorista civilis*
		红尾追寄蝇	*Exorista fallax*
螳螂目 Mantode			
	螳科 Mantidae		
		中华刀螳	*Tenodera sinensis*
		北方大刀螳	*Tenodera aridifolia*
		二点广腹螳螂	*Hierodula patellifera*
膜翅目 Hymenoptera			
	瘿蜂科 Cynipidae		
		栎叶瘿蜂	*Diplolepis agama*
		栗瘿蜂	*Dryocosmus ruriphilus*
	姬蜂科 Ichneumonidae		
		螟蛉悬茧姬蜂	*Charops bicolor*
		二点饴姬蜂	*Cremastus biguttulus*
		凤蝶姬蜂	*Ichneumon generosus*
		甘蓝夜蛾拟瘦姬蜂	*Netelia ocellaris*
		黑点瘤姬蜂	*Xanthoplmpla brachyparea*
	纹翅小蜂科 Trichogrammatidae		
		松毛虫赤眼蜂	*Trichogramma dendrolimi*
		广赤眼蜂	*Trichogramma evanescens*
	土蜂科 Scoliidae		
		日本土蜂	*Scolia japonica*
		土蜂	*Discolia uillifrons*
	胡蜂科 Vespidae		
		长脚胡蜂	*Polistes yokohame*
		大黄蜂	*Polistes mandarihus*
		中华马蜂	*Polistes chinensis*
		纹胡蜂	*Vespa crabroniformis*
		红腰泥蜂	*Ammophila aenulans*
	蜜蜂科 Apidae		
		中华蜜蜂	*Apis cerana*
		意大利蜂	*Apis mellifera*

（续）

7.6.2　有害昆虫防治

美国白蛾(Hlyphantria cunea)是近几年来新发现的一种新害虫，属鳞翅目灯蛾科。它食性杂，繁殖量大，适应性强，传播途径广，是危害严重的世界性检疫害虫。美国白蛾的幼虫有吐丝结网，群居危害的习性，每株树上多达几百只、上千只幼虫危害，常把树木叶片蚕食一光，严重影响树木生长。由于和龙保护区有大片连续分布的人工落叶松林，因此曾爆发过美国白蛾虫害。后通过大面积飞机撒药，灾情得到了基本控制。但是仍需要密切监控，以防止虫灾的再次爆发。

图们江源综合科学考察与生物多样性研究

第四篇
旅游资源与保护

第 8 章

自然旅游资源

　　图们江源头区域地处中朝界江图们江沿岸、长白山东麓。特殊的气候条件和地理位置使之具有独特的自然景观及丰富的旅游资源。区内溪流纵横，森林茂密，山清水秀。蜿蜒的图们江沿保护区的边界而过。湿地、草甸、森林相互依存，生境类型多样，野生动植物种类繁多，具有很高的观赏性，生态旅游发展条件得天独厚。图们江源头区域主要自然景观见表8-1。

图8-1　图们江源头区域主要自然景观概况

自然及人文景观	类别	级别	位置	特点
图们江源	自然	1	赤峰东约3.5km，三角界碑中心处	图们江由长白山东坡的红土水与母树林河回合后始称图们江。此水流至赤峰东侧与弱流水汇合，始见江水源头，具有特殊吸引力。
赤峰山	自然	2	自然保护区西门南	位于长白山天目峰东30.4km处，海拔1321m，属于熔岩台地上寄生火山锥。由于山体表层裸露着鹤丹般红土而得名，地质景观特殊。此外，在山顶可远眺大小胭脂峰、长白山诸峰等秀丽风光。
越橘园	自然	2	广坪林场1、2、3林班，赤峰东约3km处	占地面积约1100hm²。越橘属于杜鹃花科，俗称"红豆"，为常绿矮小灌木，7月开花。每到花秀，色彩缤纷，蜂飞蝶舞，景色秀丽。
沼泽湿地	自然	2	广坪2、5、6、42、43林班	具有较为典型的湿地景观特征，有着较为重要的生态学价值。
森林植被景观	自然	2	广泛分布	典型的森林景观有：长白山落叶松林，海拔1200m左右；小块分散分布的云冷杉针阔混交林，海拔1000~1200m；另有白桦林、柞树林等，适于开展森林类型生态旅游活动。
图们江峡谷	自然	1	沿百尺叠浪至红旗河口，沿河分布长约12km	新生代期间玄武岩喷发堆积在河谷中，玄武岩顶面平缓。由于地壳抬升，河流下切，形成蔚为壮观的深切曲流，是一种典型的玄武岩类型深切曲流地质景观。沿途12r有7处著名景点。

8.1　地文景观

　　图们江源头区域地处长白山东麓，地势西部相对平缓，东部起伏较大，为玄武岩深切峡谷。该自然保护区内1000m以上山峰中，赤峰山最具特色，属于熔岩台地上的寄生火山锥。山因其土皆赤，色类鹤丹而得名。山峰东侧陡峭，呈墙壁状，且多孔洞，状如蜂窝；北侧平缓。山上多火山喷发物，浮石众多。该区域范围内，大部分为玄武岩熔岩覆盖，浮石众多，呈现出典型的火山地貌景观。东部，图们江河谷深切入玄武岩岩被，形成幽深陡峻的峡谷地貌。

8.2 生物景观

8.2.1 森林

植被覆盖率高，森林景观色彩斑斓、层次分明，季相变化大。丰富的森林资源造就了丰富多彩的森林景观和优美的森林环境，使图们江源头区域四季呈现出不同的景致。春天万木争荣，满山杜鹃盛开，向人们展示出一幅优美的画卷；夏日，树木参天，溪流淙淙，落叶松葱郁一片，山清水秀。清风徐来，凉气阵阵，暑气顿消，令人神清气爽。金秋时节，万紫千红，色彩缤纷，层林尽染，树叶流丹。阳光照耀下随风摇曳，好似烧云，十分壮观。隆冬，崇山峻岭披银甲，万物银装素裹，纯正的北国风光。

8.2.2 野生动物

广阔茂密的森林、湿地环境，为野生动物提供了理想的栖息地。林内栖息着诸如豹猫、花棒榛鸡、狍子、野猪、马鹿、黑熊、棕熊等众多野生动物，其中包含着许多国家重点保护动物。在此可进行野生动物观赏、科研、狩猎等旅游活动。

8.3 天象与气候景观

图们江源头区域由于海拔较高，加上大面积茂密的森林，在夏季炎热季节，也凉爽宜人，徜徉于林间十分惬意，是避暑的胜地。由于离长白山主峰较近，天气、天象变幻万千，给人以变幻莫测、扑朔迷离的体验。在一年四季里，可以春观山色、夏观浮云、秋观林海、冬观凇雪，各季都会有不同的感受。

8.4 水域风光

巨大的长白山火山锥体发育着放射状水系，图们江是"三水（松花江、鸭绿江、图们江）分流"的东流，江水由红土水与母树林河汇合，流至赤峰以东与弱流水汇合，才始见水头。图们江源头区域内东流30km余，或急或缓，均清澈见底，婉转成趣。

赤峰山下有一圆池，也称天女浴躬池，海拔1320m。它与长白山大、小天池及西坡林海中的王池并称为长白山四天池。圆池平湖如境，恰似一位娴静的仙女。有人考证，这里是满族的发祥地。

第9章

人文旅游资源与旅游资源保护

9.1 人文旅游资源

长白山区是朝鲜族人民的聚集地，旅游沿线有许多具有代表性的朝鲜族村屯分布。朝鲜族人民勤劳善良，热情好客，讲礼义，爱整洁，尊老爱幼，能歌善舞，尤以女性贤惠而著称。传统服饰多以素白为主，故有"白衣民族"之称。传统民居是白灰泥墙，四个斜面屋顶的别致建筑极富个性。浓郁的朝鲜族民俗文化，是长自己地区一道靓丽的风景线，其独特的民族风情和历史文化为世人所称道。图们江源头区域的主要人文景观见表9-1。

表9-1 图们江源头区域主要人文景观概况

自然及人文景观	类别	级别	位置	特点
三角界碑	人文	2	赤峰东，中方21(2)、21(3)号碑	1964年，中朝两国划界时，为了保护图们江源头不被破坏，保存其天然形态，双方研究决定，在不同方向，相距100m多远的地方分别用三个界碑来确定江水源头，故称三角界碑，其中一号界碑在朝方，二、三号界碑在中方。
金日成钓鱼台、渡江处	人文	1	广坪林场15林班，两处相距约1km	金日成同志当年抗日期间战斗过的地方，钓鱼台为当年在此钓鱼思考国家大事的革命故迹；过江处为当年抗日往返于图们江两岸革命故迹。
圆池	人文	1	赤峰西大门外	传说中满族发祥地。现周围有沼泽化现象。

9.2 旅游资源保护与开发建议

图们江源头区域恰处于长白山——延吉（珲春）旅游热线上，从交通区位分析正处在有利的"中间位置"，区位条件优越。但是多年来，一直把自然资源保护放在第一位，尽量减少人为活动对森林资源的影响，使森林资源得到了有效的保护。因此，保护区的旅游资源开发及合理利用有待于今后进行科学论证后再进行。

根据图们江源头区域的性质、任务、所处环境及发展态势，按照有效保护、合理开发、可持续利用、互利共赢等原则，对保护区旅游资源的保护与开发提出如下建议：

第一，图们江源头区域当前正处于科考调查阶段，保护是第一要务，旅游资源开发应放在较次要地位；

第二，应以科学发展观和现代林业理论为指导，严格遵循有关法律法规的规定，科学编制生态旅游规划，保证保护区生态旅游活动有序、健康地发展；

第三，应以图们江源头区域的自然旅游资源为依托，区内外人文旅游资源为补充，共同组成丰富多彩的旅游内容，坚持"以保护区为主导、以市场为导向、周边社区广泛参与"的原则，积极稳妥地推进生态旅游工作；

第四，应以避暑纳凉、生态观光、休闲健身、科普教育、科研考察、领略民俗风情等为生态旅游的主要内容，培育和发展"自然风光游"、"休闲健身游"、"科考探险游"、"民俗风情游"等旅游精品；

第五，应高度重视生态文化建设，不断提高旅游景区的文化品位以及广大游客和社区群众的生态文明程度，为图们江源头区域的建设与发展创造良好的群众基础和社会环境。

第五篇

社区经济、管理与评价

第 10 章

社会经济状况

10.1 区域社会经济状况

图们江源头区域隶属于延边林业集团和龙林业局,是国有大型森工企业和延边地区重点企业。全局现有总经营面积 17.05 万 hm^2,有林地面积 15.86 万 hm^2,活立木总蓄积 2606 万 m^3,森林覆盖率 92.3%。

该区域除广坪林场相关管理人员,无其他居民居住。截止到 2012 年末,林业局有职工 13000 人,有各类专业技术人员 236 人。固定资产 3.5 亿元。

10.2 周边地区社会经济概况

图们江源头区域所处的和龙市,2008 年统计的总人口为 22 余万人。和龙市是多民族聚居市,有汉族、朝鲜族、满族、蒙古族、回族、苗族等 11 个民族。除汉族外,10 个少数民族人口约占全市总人口的 53.12%,其中多数是朝鲜族,占总人口的 51.53%,其他民族占 1.59%。

2010 年,全市实现生产总值 32.5 亿元,增长 13.9%(按可比价格计算),连续 7 年保持两位数增长;人均 GDP 达到 16262 元,增长 15.6%;全口径财政收入完成 3.9 亿元,增长 8.6%;农业总产值实现 9.4 亿元,增长 10.2%(按可比价格计算),粮食总产量 85523 吨,增长 27.5%;全市 23 户规模以上工业企业实现总产值 39 亿元,增长 49.1%,其中 20 户市属工业企业实现产值 35.4 亿元,增长 47.5%;全社会固定资产投资完成 71.7 亿元,增长 32.4%;社会消费品零售总额实现 9.6 亿元,增长 18.9%;外贸进出口总额实现 7851 万美元,增长 8.7%;城镇居民人均可支配收入 10888 元,增长 10.8%;农村居民人均纯收入 3486 元,增长 7.3%。

农业方面,和龙市是全国 31 个生态建设示范区之一,是联合国开发组织确定的"中国高科技绿色食品原料基地及深加工示范区"。依托长白山特有的立体生态,已经建成绿色有机大米、中药材、山野菜、无公害蔬菜、苹果梨、食用菌、畜牧、珍贵经济动物养殖、优质烟叶、生态沟系开发等十大生态基地。自古就有"御米"或"贡米"之称的有机大米被国务院认定为"国家专供米"。2010 年,农业实现总产值 93749 万元,同比增长 10.2%;粮食总产量 85523 吨,同比增长 27.5%,其中水稻 38202 吨,增长 32.4%,玉米 33320 吨,增长 18.4%,大豆 13183 吨,增长 46.7%;烟叶产量 1000 吨,同比增长 9.6%;肉类产量 10847 吨,同比增长 5.1%。

工业方面，和龙市紧紧抓住《图们江区域合作开发规划纲要》和"强基富民固边"工程等发展机遇，在不断壮大矿产、建材、林产品等支柱产业的同时，加快发展汽车零部件、电子、医药、食品等产业。2010 年，实现工业增加值 126605 万元，同比增长 22.5%；工业产值 353916 万元，同比增长 47.5%；销售收入 273881 万元，同比增长 48.3%；产销率达到 96.7%；利润 26048 万元，同比增盈 17863 万元；工业固定资产投资完成 11 亿元。

和龙市服务业产业化、社会化水平逐年提高，呈现出旅游业逐步兴起，消费品市场繁荣活跃，现代服务业发展不断加快，个体私营经济迅速崛起的良好态势，现代服务业在完善城市功能、提高人民生活质量方面的作用日益显现。2010 年，全市实现社会消费品零售总额 95886 万元，同比增长 18.9%，批发零售贸易额 85641 万元，同比增长 19.9%。

10.3　产业结构

在图们江源头区域内没有固定居民点，区内及周边采伐已经完全停止。区内无任何工业生产项目。

10.4　保护区土地资源与利用

图们江源头区域的土地权属全部为国有，与周边社区政府和群众没有争议。这为区域今后的持续、稳定发展奠定了良好基础。

图们江源头区域总面积 23856hm^2。其中，林地面积 23246hm^2，占总面积的 97.5%；非林地面积 597hm^2，占总面积的 2.5%。在林地面积中，有林地面积为 23156hm^2，占林地面积的 99.6%；灌木林地 78hm^2，占林地面积的 0.4%。

第 11 章

图们江源头区域管理

11.1 基础设施

图们江源头区域内有 6 个管护站，其中西部 1 个、南部 3 个，北部 2 个；该自然保护区内还有 7 个哨卡，分别位于东部（3 个）、南部（2 个）、北部（1 个）、西部（1 个），另有 3 处瞭望台。该区内没有现成公路，但有未硬化路面，可供车辆在各管护站之间通行。该区对外交通方面，有边防公路与和龙市及长白山相连，距离延吉市飞机场约有 140km 车程。

11.2 保护管理

图们江源头区域起初准备申报建立自然保护区，目前已经得到批准建立国家湿地公园。区域管理制度及具体的保护任务由和龙林业局及其相应的国家湿地公园管理机构执行。

11.3 科学研究

该区以前调查主要是出于森林经营管理需要而开展的调查，主要有：

1953 年，原东北人民政府林野调查大队对和龙林区进行了第一次森林经营调查（无调查数据）。

1958 年，吉林省林业厅勘察设计局第三大队与和龙局森林调查队，共同对经营区的森林资源进行了三级经理调查。

1969 年，林业部调查规划局第二森林资源调查大队在和龙局森调队的协助下，以 1958 年森林经理调查资料为基础，对经营区进行了调查。

1975 年 12 月，吉林省林业勘察设计院根据农林基字（1973）120 号文件的批复，为开发安北三个林场的森林资源，对和龙局新建的三个林场进行了全面规划设计，同时对营林、汽运、贮木、制材、机械、职工住宅都作了相应的设计，并正式拟定了《和龙林业局扩建总体设计方案》。

1982 年，吉林省林业调查设计大队一中队与和龙局设计队组成森调队，对局森林资源进行了自 1968 年以来的二类调查。调查历时 4 个月，1982 年 5 月至 8 月，采用机械抽样、样园、样带等方法进行。

1985 年，和龙林业局营林处资源股的同志们，在各林场的配合下，对森林资源进行了调查。

由于图们江源头区域科研力量薄弱，所以长期以来，该区只是配合有关科研、规划设计、教学单位开展过资源调查，主要包括：

1997 年由吉林省林业厅组织，配合吉林省林业勘察设计院、有关大专院校、科研单位对区内进行了湿地资源调查。

1998 年由吉林省林业厅组织，配合吉林省林业勘察设计院、有关大专院校、科研单位对区内进行了野生动植物资源调查。

1998 年配合吉林省林业勘察设计院完成全县的森林资源二类调查；

2002 年，由吉林省林业调查规划院对和龙林业局森林资源做出调查。

以上调查和监测工作均取得了一定成果，但是由于调查和监测内容不够深入、系统，使得域区内的本底资源资料深度尚感欠缺、系统性不强，并且至今没有形成详细的科学考察报告。

本底资源调查是保护与合理开发利用的基础，因此，本次系统的本底资源调查、监测与研究，会对图们江源头的保护和进一步合理开发利用有重要指导意义，而且对自然保护区考察活动也有一定的参考价值。

第 12 章

图们江源头区域评价

12.1 保护管理历史沿革

图们江源头区域处的圆池满语称为布勒瑚里湖，是传说中满族的发源地。清代连同长白山周围一直被视为满族的"龙兴之地"，直至晚清一直受到严格保护。自康熙年间清朝与朝鲜划定两国边界以鸭绿江、图们江为界，鸭绿江、图们江之间开始引起满清官方重视。赤峰（红土山）见诸记载。直到晚清，图们江源头区域内一直人迹罕至。该区所在崇善乡始建于光绪初年，光绪十一年（1885）划为越垦地，十八年（1892 年）越垦局设崇化社，归安远堡管辖。1927 年与善化社并为崇善社。

和龙林区开发于清宣统二年（1910 年），当时行政隶属于吉林省延吉厅和龙峪。

1912 年（中华民国元年），"中华民国"成立后颁布《林业行政纲要》、《森林法》等有关法令，整顿国有林监督、保护、处分、造林等法规。和龙林区行政隶属吉林省延吉厅和龙峪。

1918 年（中华民国七年），中华民国政府在吉林、黑龙江两省设立直辖森林局，负责征收吉、黑两省森林采伐税务事宜。同年，在晖春设森林分局。同年 5 月晖春林务分局在龙井设立了延吉驻在所。和龙林区自此隶属晖春森林分局延吉驻在所管辖。

1926 年（中华民国十七年），延吉森林第三分局与晖春森林第二分局合并，更名延晖森林分局，局址设在晖春。和龙林区隶属延晖森林分局。

1933 年（中华民国二十二年），延晖森林分局由晖春迁至延吉，隶属关系没变。

1939 年 2 月 1 日（中华民国二十八年），延吉营林属迁往龙井，更名为龙井营林属，并在红旗村设驻在所，和龙林区隶属龙井营林属红旗村驻在所管辖。

1944 年（中华民国三十三年），林业机构合并于政府行政机构，至日本帝国主义投降。

1950 年，和龙县人民政府设林政科，和龙林区的采伐、营林权隶属县林政科管辖；安北三个林场隶属于安图现人民政府林政科管辖。

1953 年 5 月，和龙县林政科在红旗河设经营所，负责经营红旗河流域的森林。

1956 年 2 月，成立和龙县森林经营分局，并在长山岭建立营林所。同年 3 月建立了古城里流筏作业所。

1958 年 3 月 20 日，成立八家子森林工业局和龙办事处，负责采伐、经营沙金沟、许家洞一带的森林资源。

1958 年 5 月 23 日，八家子森工局与和龙县政府林政科合并，成立和龙县林业局。

1959 年 8 月 5 日，和龙县林政科与和龙森工局分设，成立吉林省延边朝鲜族自治州和龙森林工业局，隶属演变朝鲜族自治州管辖。同年 12 月，将红旗河经营所、长山领经营所，古城里流筏作业所划归和龙森工局经营。

1961 年，和龙森林工业局更名为和龙林业局。

1963 年，和龙林业局隶属吉林省林业厅。

1968 年 6 月 29 日，和龙林业局成立革命委员，隶属于吉林省革命委员会林业局。

1973 年，经中共吉林省委农林部批准，将位于五道白河上游、原安北林区的 3 万 hm² 多林地划归和龙局经营，即现在的荒沟、花砬子、星火林场，至今辖区未变。

1978 年 10 月 11 日，和龙林业局革命委员会复称和龙林业局。

1985 年 1 月 1 日，和龙林业局隶属于延边朝鲜族自治州林业管理局管辖。

2000 年，和龙林业局改名为延边林业集团和龙林业局。

2012 年，和龙林业局启动图们江源头区域科考调查工作。

2013 年，和龙林业局申报泉水河国家湿地公园(原定名称图们江源国家湿地公园)获得批准。

12.2 区域范围

图们江源头区域位于吉林省东南部边陲延边朝鲜族自治州和龙市西南部的边境上，与朝鲜以图们江为界。南眺朝鲜，西望长白山。地理坐标为东经 128.451° ~ 128.837°，北纬 41.999° ~ 42.154°。区域地势北高南低，南北长约 17.7km，东西宽约 33km，总面积 23856hm²。

区域四至：南至大片蓝靛果处(42°00′00″N，128°33′14″E)→向西至 26 林班落叶松林处(41°59′59″N，128°31′01″E)→1200m 等高线处(42°00′26″N，128°27′54″E)→西至 1320m 山峰(42°01′04″N，128°27′00″E)→向北至 1380m 等高线处(42°02′19″N，128°27′18″E)→广坪林场 13 林班白桦林处(42°01′55″N，128°28′05″E)→小片榛子处(42°02′34″N，128°29′10″E)→小班分界处(42°02′22″N，128°30′11″E)→1360m 等高线处(42°02′56″N，128°30′29″E)→小班分界处(42°03′57″N，128°31′16″E)→1340m 等高线处(42°05′25″N，128°30′32″E)→1280m 山峰(N42°06′02″，128°30′54″E)→大满沟 20 林班 16 小班界(42°07′02″N，128°30′58″E)→1260m 等高线处(42°07′32″N，128°31′08″E)→沿山脊线(42°07′40″N，128°31′37″E)→山脊底部(42°07′57″N，128°32′06″E)→北至 1040m 等高线处(42°08′05″N，128°32′20″E)→向东至小片撂荒地处(42°08′09″N，128°33′22″E)→960m 等高线处(42°08′21″N，128°33′47″E)→小片榆木处(42°08′38″N，128°34′48″E)→小班分界处(42°08′40″N，128°35′53″E)→1160m 等高线处(42°09′03″N，128°36′14″E)→沿山脊(42°08′44″N，128°36′22″E)→沿山脊线(42°08′52″N，128°36′32″E)→小班分界处(42°09′16″N，128°36′29″E)→河流处(42°09′14″N，128°37′23″E)→1060m 等高线处(42°09′17″N，128°38′06″E)→沿山脊线(42°08′57″N，128°38′06″E)→920m 等高线处(42°09′05″N，128°38′49″E)→900m 等高线处(42°09′11″N，128°39′32″E)→920m 等高线处(42°09′18″N，128°40′05″E)→小班分界处(42°09′00″N，128°40′48″E)→1080m 山峰(42°08′48″N，128°41′28″E)→940m 等高线处(42°08′39″N，128°41′42″E)→道路处(42°08′13″N，128°43′23″E)→1120m 山峰处

(42°06′57″N，128°44′28″E)→1140m 等高线处(42°05′54″N，128°45′40″E)→1180m 山峰(N42°05′26″，128°45′29″E)→1200m 山峰(42°05′20″N，128°45′54″E)→1160m 山峰(42°04′54″N，128°46′44″E)→小班分界处(42°04′54″N，128°47′31″E)→石广线山坳(42°04′57″N，128°48′36″E)→瞭望塔(42°04′54″N，128°49′59″E)→东至1160m 等高线(42°04′11″N，128°50′13″E)→瞭望台岔口(42°03′40″N，128°50′17″E)→1160m 山峰(42°04′06″N，128°48′40″E)→1220m 山峰(42°04′31″N，128°48′07″E)→小班分界处(42°04′12″N，128°47′06″E)→980m 等高线处(42°04′19″N，128°46′12″E)→河流分叉处(42°04′22″N，128°45′11″E)→林间小路木桥处(42°04′35″N，128°44′02″E)→泉水沟涵洞(42°04′47″N，128°42′50″E)→960m 等高线处(42.07507 N，128.69522E)。

12.3 区域评价

12.3.1 主要保护对象动态变化评价

区内无居民点和农耕地，自然植被类型丰富多样，主要植被类型有常绿阔叶林、落叶阔叶林、针叶林、山顶矮林、灌丛和灌木草丛及湿地植被等，是珍稀动植物的集中分布区。区内土地、林木、野生动植物等资源归林场依法统一管理。

该区是人为活动相对较频繁的区域，可根据资源特点、科学价值和现实条件，在国家法律、法规允许的范围内开展科学考察、教学实习、参观交流、宣传教育、生态旅游及其它资源的合理利用等。

12.3.2 管理有效性评价

开展调查以来，国家林业局调查规划设计院、首都师范大学、北京林业大学专家、教授及相关专业博士、硕士与当地林业工作者合作学者与当地有关技术人员组成了科考小组，在图们江源头区域内进行了综合科学考察。调查了珍稀野生植物的适生状态、数量等，调查了珍稀野生动物种群数量、区域分布、适栖生境、种群动态等，基础资料比较详尽，基本上系统、全面地掌握了野生动植物本底情况。

还对区域所在林场职工和周边社区进行了多次的宣传教育和走访，宣传野生动物和环境保护知识，提高周边社区对环境保护和自然保护区的认识，还使原来的狩猎者变成了保护站宣传员、管理员。

12.3.3 社会效益评价

保护好图们江源头，将更好地保护了生物的多样性。同时通过水源涵养林的保土、保肥作用，使森林生态系统步入良性循环。护林防火水平的提高，可使森林火灾和病虫害的隐患及诱发因素减少到最低水平，杜绝和减少人为灾害带来的损失。监测体系的建立，装备水平的提高，会推动图们江源头的科学研究、经营管理，使保护工作达到较高水准，对森林生态系统的动态消长、对资源的合理利用做出较准确的科学结论，并能及时提出新方案、新对策。

图们江源头区域作为一个自然生物资源宝库和其具有的科研和教育功能，使人们认清其地位、历史、生物、地理、生态等情况之后，可以进一步认识到保护森林、湿地、保护森林生态系统、保护生物多样性的重大意义，强化人们的生态意识，对农业、资源性工业产生深刻影响。是开展环境教育和生态文化建设的理想场所。

12.3.4 经济效益评价

图们江源头区域丰富的自然资源为经济建设提供了重要的物质基础。保护区丰富的经济动植物，特别是传统中药材植物、食用菌、保健食品、绿色食品，具有很高观赏价值的兰科植物等，都可以带来直接的经济效益；尤其是合理利用区内的旅游资源，收取门票，也可以带来直接的经济效益。合理利用和保护，是该区域实现可持续发展的主要方式和手段，同时良好的生态环境提供涵养水源、保持土壤肥力、净化空气等价值都是无法估量的间接经济效益。

12.3.5 生态效益评价

区域内气候温润，夏无酷暑，空气清新，环境优美，民风淳朴，旅游资源丰富，是人们避暑休闲、度假健身、亲近自然的理想之地，该区域是图们江的发源地，对保障下游地区生态、防洪、用水安全等，都具有重要意义。由于图们江是国际河流，该保护区的建设对于促进东北亚地区生态环境建设也具有重要意义。

涵养水源、保持水土，调节气候，对当地农业生产和人们的日常生活起到保障作用；区内良好的环境成为许多野生动物居住或迁徙地；区内星罗棋布的河流泡沼和湿生植被，是保存比较完整的湿地生态系统，其系统内也保存了不同的生态过程，生物之间（包括种内和种间）、生物与环境之间不断地进行着物质循环和能量流动，包括太阳能的固定、碳和氮的贮存、有机物质的积累，这种生态功能所产生的效益十分巨大，难以估量。

12.4 区域综合价值评价

吉林图们江源头区域是保护森林生态系统和生物多样性的基地，是开展科学研究的实验室，是宣传教育的自然博物馆，是保护和合理利用资源的示范，是开展生态旅游的场所。在延边地区、吉林省乃至东北亚地区生态环境建设中具有十分重要的地位，是区域社会经济可持续发展的一支重要力量，是建设社会主义新农村和现代林业不可或缺的一支生力军，是建设美丽中国的边境窗口。

区域的生境自然性较强，代表性较高，生境类型和野生动植物组成复杂多样，珍稀濒危和特有物种多，生态系统比较脆弱，生态、经济、科学和社会保护价值很高。该区是重要的水源地和生态脆弱区，对保障区域生态安全具有重要作用。作为东北虎在我国的潜在分布区之一，图们江源头区域在东北虎保护网络中扮演着十分重要的桥梁和纽带作用，同时也是黑熊、棕熊、花尾榛鸡、东北红豆杉、长白松等众多珍稀濒危动植物的重要分布区，该区域的建设和管理意义重大、影响深远。

参考文献

REFERENCE

长白山国家级自然保护区.2012. http：//changbaishan. gov. cn/EcologyWeb/EcologyWeb_ list. aspx? moduleid = 104.
（2012 年 6 月 30 日链接）

戴玉成，图力古尔.2007. 中国东北野生食药用真菌图志[M]. 北京：科学出版社，1 - 231.

高谦，张光初.1983. 朝鲜北部的苔藓植物[J]. 植物研究 10(40)：118 - 131.

高玮.1982. 长白山北坡冬季鸟类群落的丰富度及其群落的演替[J]. 动物学研究 3.

郝锡联，任炳忠，吴艳光，杜秀娟，官昭瑛，李娜.2006. 长白山北坡访花昆虫研究（Ⅱ）访花昆虫种类与分布[J].
吉林师范大学学报自然科学版(3)

吉林省长白山保护区开发区管理委员会.2011. http：//changbaishan. gov. cn/EcologyWeb/main. aspx. 2011 年 5 月 29 日
链接. Luan X F, Qu Y, Li D Q, et al. Habitat evaluation of wild Amur tiger (Panthera tigris altaica) and conservation pri-
ority setting in north-eastern China. Journal of Environmental Management 2011. 92：31 - 42.

吉林省延边朝鲜族自治州农业区划办公室.1985. 长白山东北部（延边地区）野生经济植物名录.

吉林省野生动物保护协会.1988. 吉林省野生动物图鉴 - 两栖类爬行类兽类[M]. 长春：吉林科学技术出版社.

贾玉珍，赵秀海，孟庆繁.2009. 长白山针阔混交林不同演替阶段的昆虫多样性[J].. 昆虫学报 52(11).

姜云垒，高玮，王海涛.2006. 长白山北坡鸟类多样性研究Ⅱ鸟类群落组成随海拔梯度变化[J]. 吉林农业大学学报
28(3).

姜云垒，高玮，王海涛.2006. 长白山北坡鸟类多样性研究[J]. 东北师大学报自然科学版 38(2)

李建东，盛连喜，周道玮，等.2001. 吉林植被[M]. 长春：吉林科学技术出版社.

李玉，图力古尔.2003. 中国长白山蘑菇[M]. 北京：科学出版社，1 - 362.

刘利，张明杰，李扬.1999. 长白山蕨类植物资源[M].《纪念秦仁昌论文集》. 北京：中国林业出版社，397 - 407.

吕龙石，朴锦，孟艳玲，金大勇.2001. 中朝长白山（白头山）区动物多样性研究现状与展望. 昆虫与环境——中国
昆虫学会 2001 年学术年会论文集

钱家驹.1983. 长白山蕨类植物名录[J]. 东北师大学报自然科学版(3)：21 - 29.

任炳忠，刘毅，左代代，杨伯然.2006. 长白山水生生物资源研究进展[J]. 吉林林业科技 35(6).

图力古尔，戴玉成.2004. 长白山主要食药用木腐菌多样性及其保育[J]. 菌物研究 2(2)：26 - 30.

图力古尔，刘文钊，范宇光，康国平.2011. 长白山大型真菌物种多样性调查名录——阔叶林带[J]. 菌物研究 9
(2)：77 - 99.

汪松.1998. 中国濒危动物红皮书? 兽类[M]. 北京：科学出版社.

王绍先.2007. 长白山保护开发区生物资源[M]. 沈阳：辽宁科学技术出版社，18 - 23.

王喜义，李秀娥，李彤.2003. 吉林省的爬行动物资源[J]. 吉林林业科技(5).

王晓红.2007. 吉林省两栖动物资源[J]. 长春大学学报(4).

王耀，范宇光，图力古尔.2010. 长白山不同植被带大型真菌多样性调查名录——针叶林带[J]. 菌物研究 (4)：

200 – 210.

吴征镒 . 1980. 中国植被[M]. 北京：科学出版社 .

谢支锡，王云，王柏，等 . 1986. 长白山伞菌图志[M]. 长春：吉林科技出版社，1288. .

延边朝鲜族自治州林业志编纂委员会 . 1988. 和龙林业局志 . 长春 .

杨丽娟 . 2005. 长白山区常用食用真菌资源的调查[J]. 特产研究 1. 52 – 54.

杨野，刘军 . 长白山动植物名录[M]. 安图：吉林省长白山自然保护区研究所 1983. 22 – 29.

袁荣才，张富满，文贵柱，于明，李晓光 . 1995. 长白山区蝶类名录[J]. 吉林农业科学(3).

约翰·马敬能，等 . 2000. 中国鸟类野外手册[M]. 长沙：湖南教育出版社 .

张凤岭 . 1980. 长白山蝗虫的初步调查[J]. 东北师大学报自然科学版(2).

张荣祖 . 1999. 中国动物地理[M]. 北京：科学出版社 . 36.

赵正阶 . 1985. 长白山鸟类志[M]. 长春：吉林科学技术出版社 .

赵正阶 . 1987. 吉林省野生动物图鉴·鸟类[M]. 长春：吉林科学技术出版社 .

郑光美 . 1998. 中国濒危动物红皮书·鸟类[M]. 北京：科学出版社 .

郑光美 . 2002. 世界鸟类分类与分布名录[M]. 北京：科学出版社 .

郑作新 . 1987. 中国鸟类区系纲要[M]. 北京：科学出版社 .

中国湿地植被编辑委员会 . 1999. 中国湿地植被[M]. 北京：科学出版社 .

周繇 . 2003. 长白山野生蕨类植物资源调查研究及其开发利用[J]. 东北农业大学学报 34(3)：318 – 321.

附 录

APPENDIX

附录1：图们江源头区域苔藓植物名录

藓纲（MUSCI）

黑藓科 Andreaeaceae

岩生黑藓 *Andreaea rupestris* Hedw. var. *fauriei*（Besch.）Tak.

泥炭藓科 Sphaganaceae

垂枝泥炭藓 *Sphagnum jensenii* Lindb.

粗叶泥炭藓 *S. sphagnum* Pers.

四齿藓科 Georgiaceae

四齿藓 *Tetraphis pellucida* Hedw.

烟杆藓科 Buxbaumiaceae

厚叶藓 *Theriotia lorifolia* Card.

金发藓科 Polytrichaceae

仙鹤藓 *Atrichum undulatum* var. *gracilisetum* Besch.

高栉小赤藓 *Oligotrichum aligerum* Mitt.

大金发藓 *Polytrichum commune* Hedw.

拟金发藓 *P. formosum* Hedw.

长棕金发藓 *P. longiselum* Sw. ex Bird.

桧叶金发藓 *P. juniperinum* subsp. *strictum*（Bird.）Nyl. et Sael.

毛尖金发藓 *P. piliferum* Hedw.

东亚小金发藓 *P. inflexum*（Lindb.）Lac.

东亚金发藓 *P. japonicum* Sull. Et Lesq.

球蒴金发藓 *P. sphaerothecium*（Besch.）Broth.

苞叶小金发藓 *P. spinulosum* Mitt.

疣小金发藓 *P. urnigerum*（Hedw.）P. Beauv.

凤尾藓科 Fissidentaceae

异形凤尾藓 *Fissidens adiantoides* Hedw.

小凤尾藓 *F. bryoides* Hedw.

卷叶凤尾藓 *F. cristatus* Wils. ex Mitt.

牛毛藓科 Ditrichaceae

角齿藓 *Ceratodon purpureus*（Hedw.）Brid.

对叶藓 *Distichium capillaceum*（Hedw.）B. S. G.

虾藓科 Bryoxiphiaceae

虾藓 *Bryoxiphium norvegicum* subsp. *japonicum*（Berggr.）Love et Love.

曲尾藓科 Dicranaceae

多形小曲尾藓 *Dicranella heteromalla*

脆枝曲柄藓 *Campylopus fragilis*（Brid.）B. S，G.

青毛藓 *Dicranodontium denudatum*（Brid.）Britt.

长叶拟白发藓 *Paraleucobryum longifolium*（Hedw.）Loeske

白氏藓 *Brothera leana*（Sull.）C. Muell.

微齿粗石藓 *Rhabdoweisia crispate*（With.）Kindb.

狗牙藓 *Cynodontium gracilsecens*（Web. et Mohr）Schimp.

卷叶曲背藓 *Oncophorus crispifolius*（Mitt.）Lindb.

大曲背藓 *O. virens*（Hedw.）Brid.

曲背藓 *O. wahlenbergii* Brid.

大曲尾藓 *Dicranum drummondii* C. Muell.

鞭枝曲尾藓 *D. flagellare* Hedw.

绒叶曲尾藓 *D. fulvum* Hook.

棕色曲尾藓 *D. fuscescens* Turn.

日本曲尾藓 *D. japonicum* Mitt.

直毛曲尾藓 *D. montanum* Hedw.

东亚曲尾藓 *D. nipponense* Besch.

曲尾藓 *D. scoparium* Hedw.

合睫藓 *Symblepharis vaginata*（Hook.）Wijk et Marg.

白发藓科 Leucobryaceae

白发藓 *Leucobryum glaucum*（Hedw.）Aongstr.

桧叶白发藓 *L. juniperoideum*（Bird.）C. Muell.

丛藓科 Pottiaceae

立膜藓 *Gymnostomum recurvirostrum* Hedw.

波边毛口藓 *Oxystegus cuspidatus*（Dozy et Molk.）Chen.

波边毛口藓 *O. cylindricus*（Brid）Hilp.

小石藓 *Weissia controversa* var. *minutissima*（C. Muell.）Chen.

长叶纽藓 *Tortella tortuosa*（Hedw.）Limpr.

卷叶湿地藓 *Hyophlia involuta*（Hook.）Jaeg.

大帽藓科 Encalyptaceae

大帽藓 *Encalypta ciliate* Hedw.

紫萼藓科 Grimmiaceae

长枝长齿藓 *Racomitrium canescens*（Hedw.）Brid.

黄无尖藓 *R. fasciculare*（Dedw.）Brid.

白砂藓 *R. lanuginosum*（Hedw.）Brid.

粗疣连轴藓 *Grimmia apocarpa* Hedw.

毛尖紫萼藓 *G. atroviridis* Card.

近缘紫萼藓 *G. ovalis*（Hedw.）Lindb.

东亚缩叶藓 *Ptychomitrium fauriei* Besch.

中华缩叶藓 *P. sinense*（Mitt）Jaeg.

葫芦藓科 Funariaceae

葫芦藓 *Funaria hygrometrica* Hedw.

真藓科 Bryaceae

泛生丝瓜藓 *Pohlia cruda*（Hedw.）Lindb.

林地丝瓜藓 *P. drummondii*（C. Muell.）Andrews.

丝瓜藓 *P. elongata* Hedw.

黄丝瓜藓 *P. nutans*（Hedw.）Lindb.

银藓 *Anomobryum filiforme*（Dicks.）Husn.

真藓 *Bryum argenteum* Hedw.

丛生真藓 *B. caespiticium* L. ex Hedw.

近高山真藓 *B. paradoxum* Schwaegr.

拟三列真藓 *B. pseudotriquetrum*（Hedw.）Brid.

大叶藓 *Rhodobryum roseum*（Hedw.）Limpr.

提灯藓科 Mniaceae

平肋提灯藓 *Mnium laevinerve* card.

具缘提灯藓 *M. marginatum*（With.）P. Beauv.

硬叶提灯藓 *M. stellare* Hedw. .

偏叶提灯藓 *M. thomsonii* Schimp.

鞭枝疣灯藓 *Trachycystis flagellare*（Sull. et Lesq.）Lindb.

树形疣灯藓 *T. ussuriensis*（Regel et Maack）Kop.

尖叶匐灯藓 *Plagiomnium acutum*（Lindb. T. J. Kop.）Kop.

密集匐灯藓 *P. confertidens*（Lindb. et Arn.）Kop.

匐灯藓 *P. cuspidatum*（Hedw.）Kop. .

日本匐灯藓 *P. japonicum*（Lindb.）Kop.

侧枝匐灯藓 *P. maximoviczii*（Lindb.）Kop.

多蒴匐灯藓 *P. medium*（B. S. G.）Kop.

圆叶匐灯藓 *P. vesticatum*（Besch）Kop.

拟毛灯藓 *Rhizonnium pseudopunctatum*（Bruch et Schimp）Kop

毛灯藓 *R. punctatum*（Hedw.）Kop.

皱蒴藓科 Aulacomniaceae

异枝皱蒴藓 *Aulacomnium heterostrichum*（Hedw.）B. S. G.

皱蒴藓 *A. palustre*（Hedw.）Schwaegr.

大皱蒴藓 *A . turgidum*（Wahl.）Schwaegr.

珠藓科 Bartramiaceae

直叶珠藓 *Bartramia ithyphylla* Brid.

梨蒴珠藓 *B . pomifirmis* Hedw.

平珠藓 *Plagiopur oederi*（Brid.）Limpr.

泽藓 *P. fontana*（Hedw.）Brid.

东亚泽藓 *P. nitida* Mitt.

木灵藓科 Orthotrichaceae

暗色木灵藓 *Orthotrichum sordidum* Sull. et Lesq.

黄木灵藓 *O. speciosum* Nees

缺齿蓑藓 *Macromitrium gymnostomum* Sull. et Lesq.

万年藓科 Climaciaceae

万年藓 *Climacium dendroides*（Hedw.）Web. et Mohr.

东亚万年藓 *C. japonicum* Lindb.

毛藓科 Pleuroziopsidaceae

树藓 *Pleuroziopsis ruthenica*（Weinm.）Kindb.

虎尾藓科 Hedwigiaceae

虎尾藓 *Hedwigia ciliate*（Hedw.）P. Beauv.

白齿藓科 Leucodontaceae

垂悬白齿藓 *Leucodon pendulus* Lindb.

棱蒴藓科 Trachypodaceae

小扭叶藓 *Trachypus humilis* Lindb.

平藓科 Neckeraceae

平藓 *Neckera pennata* Hedw，

扁枝藓 *Homalia trichomanoides*（Hedw.）B. S. G.

木藓 *Thamnobryum alopecurum*（Hedw.）Nieuwl.

蔓藓科 Hookeriaceae

灰果藓 *Chaetomitriopsis glaucocarpa*（Schwaegr.）Fleisch.

鳞藓科 Theliaceae

粗疣藓 *Fauriella tenuis*（Mitt.）Card.

薄罗藓科 Leskeaceae

短枝褶藓 *Okamuraea brachydictyon*（Card.）Nog.

长枝褶叶藓 *O. hakoniensis* var. *ussuriensis*（Broth.）Nog.

假细罗藓 *Pseudoleskeella catenulate*（Schrad.）Kindb

羽藓科 Thuidiaceae

小牛舌藓 *Anomodon minor*（Hedw.）Fuernr.

皱叶牛舌藓 *A. rugelii*（C. Muell.）Keissl. .

碎叶牛舌藓 *A. thraustus* C. Muell.

羊角藓 *Herpetineuron toccoae*（Sull. et Lesq.）Card.

多疣麻羽藓 *Claopodium pellucinerve*（Mitt.）Best.

狭叶小羽藓 *Haplocladium angustifolium*（Hampe et C. Muell.）Broth.

细叶小羽藓 *H. microphyllum*（Hedw.）Broth.

虫毛藓 *Boulaya mittenii*（Broth.）Card.

密枝细羽藓 *Thuidium bipinnatulum* Mitt.

大羽藓 *T. cymbifolium*（Dozy et Molk.）Bosch.

绿羽藓 *T. pycnothallum*（C. Muell.）Par.

多疣鹤嘴藓 *T. pygmaeum* B. S. G.

钩叶羽藓 *T. recognitum* var. *delicatulum*（Hedw.）Warnst.

毛羽藓 *Bryonoguchia molkenboeri*（Lac.）Iwats.

山羽藓 *Abietinella abietina*（Hedw.）Fleisch.

东亚沼羽藓 *Bryochenea sachalinensis*（Lindb.）Gao et Chang.

柳叶藓科 Amblystegiaceae

沼地藓 *Cratoneuron commutatum* var. *sulcatum*（Lindb.）Moenk.

牛角藓 *C. filicinum*（Hedw.）Spruce.

黄叶细湿藓 *Campylium chrysophyllum*（Brid.）J. Lange.

细湿藓 *C. hispidulum*（grid.）Mitt.

仰叶拟细湿藓 *C. stellatum*（Hedw.）C. Jeas.

柳叶藓 *Amblystegium juratzkanum* Schimp.

长叶柳叶藓 *A. serpens*（Hedw.）B. S. G.

钩枝镰刀藓 *Drepanocladus uncinatus* fo. *longicuspis* Z. Smirn.

扭叶水灰藓 *Hygrohypnum eugyrium*（B. S. G.）Broth.

褐黄水灰藓 *H. ochraceum*（Wils.）Loeske. .

湿原藓 *Calliergon cordifolium*（Hedw.）Kindb.

赤茎藓 *Pleurozium schreberi*（Brid.）Mitt.

青藓科 Brachytheciaceae

多褶青藓 *Brachuthecium buchananii*（Hook.）Jaeg.

石地青藓 *B. glareosum*（Spruce）B. S. G.

长肋青藓 *B. populeum*（Hedw.）B. S. G.

弯叶青藓 *B. reflexum*（Starke）B. S. G.

溪边青藓 *B. rivulare* B. S. G.

燕尾藓 *Bryhnia novae-angliae* var. *cymbifolia* Nog.

强肋毛尖藓 *Cirriphyllum crassinervium*（Tayl.）Loe. et Fl.

毛尖藓 *C. piliferun*（Hedw.）Grout.

鼠尾藓 *Myuroclada maximowiczii*（Borszcz.）Steere et Schof.

尖叶美喙藓 *Eurhynchium eustegium*（Besch.）Dix.

美喙藓 *E. pulchellum*（Hedw.）Jenn.

卵叶美喙藓 *E. striatum*（Hedw.）Schimp.

水生长喙藓 *Rhynchostegium riparioides*（Hedw.）Card.

齿边同叶藓 *R. serrulatum*（Hedw.）Jaeg.

绢藓科 Entodontaceae

腋苞藓 *Pterigynandrum filiforme* Hedw.

柱蒴绢藓 *Entodon challengeri*（Par.）Card.

曲枝绢藓 *E. curvatirameus* Card.

深绿绢藓 *E. luridus*（Griff.）Jaeg.

亚美绢藓 *E. sullivantii* var. *versicolor*（Basch.）Mizushima.

棉藓科 Plagiotheciaceae

圆条棉藓 *Plagiothecium cavifolium*（Brid.）Iwats.

棉藓 *P. denticulatum*（Hedw.）B. S. G.

光泽棉藓 *P. laetum* B. S. G.

扁枝棉藓 *P. neckeroideum* B. S. G.

垂蒴棉藓 *P. nemorale*（Mitt.）Jaeg.

细尖麟叶藓 *Taxiphyllum aomoriense*（Besch.）Iwats.

麟叶藓 *T. taxirameum*（Mitt.）Fl.

锦藓科 Sematophyllaceae

拟腐木藓 *Callicladium haldanianum*（Grey.）Crum.

灰藓科 Hypnaceae

平锦藓 *Platygyrium repens*（Brid.）B. S. G.

金灰藓 *Pylaisiella polyantha*（Hedw.）Grout.

毛灰藓 *Homomallium incurvatum*（Brid.）Loeske.

美灰藓 *Eurohypnum leptothallum*（C. Muell.）Ando.

拟灰藓 *Hondaella brachytheciella*（Broth. et Par.）Ando.

南亚灰藓 *Hypnum circinatulum* Schimp. ex Besch.

灰藓 *H. cupressiforme* Hedw.

多蒴灰藓 *H. fertile* Sendth.

弯叶灰藓 *H. hamulosum* B. S. G.

弯叶大湿原藓 *H. lindbergii* Mitt.

大灰藓 *H. Plumaeforme* var. *minus* Broth. ex Ando.

扁灰藓 *H. pratense*（Rabenh.）Kochex Hartm.

卷叶灰藓 *H. revolutum*（Mitt.）Lindb.

毛梳藓 *Ptilium crista-castrensis*（Hedw.）De Not

垂枝藓科 Rhytidiaceae

垂枝藓 *Rhytidium rugosum*（Hadw.）Kindb.

丝灰藓 *Gollania levieri* C. Muell.

平肋粗枝藓 *G. neckerella*（C. Muell.）Broth.

皱叶粗枝藓 *G. ruginosa*（Mitt.）Broth.

多变粗枝藓 *G. varians*（Mitt.）Broth.

拟垂枝藓 *Rhytidiadelphus squarrosus*（Hedw.）Warnst.

羽枝拟垂枝藓 *R. subpinnatus*（Lindh.）Hop.

大拟垂枝藓 *R. triquetrus*（Hedw.）Warnst.

塔藓科 Hylocomiaceae

星塔藓 *Hylocomium pyrenaicum*（Spruce）Lindb.

塔藓 *H. splendens*（Hedw.）B. S. G.

苔纲（HEPATICAE）

绒苔科 Trichocoleaceae

囊绒苔 *Trichocoleopsis saceulata*（Mitt.）Okam.

指叶苔科 Lepidoziaceae

指叶苔 *Lepidozia repians*（L.）Dum.

三齿鞭苔 *Bazzania tricrenata*（Wahl.）Lindb.

裂叶苔科 Lophoziaceae

全缘褶萼苔 *Chandonanthus birmensis* Steph.

细裂瓣苔 *Barbilophozia barbata*（Schreb.）Loeske.

倾立裂叶苔 *Lophozia ascendens*（Warnst.）Schust.

波叶裂叶苔 *L. cornuta*（Steph.）Hatt.

皱叶裂叶苔 *L. incisa*（Schrad.）Dum.

异沟裂叶苔 *Leiocolea heterocolpa*（Thed.）Buch.

叶苔科 Jungermanniaceae

波叶圆瓣苔 *Jamesoniella undulifolia*（Nees）K. Mull.

深绿叶苔 *Jungermannia lanceolata* L.

小萼苔 *Mylia taylorii*（Hook.）S. Gray.

合叶苔科 Scapaniaceae

褶萼合叶苔 *Macrodiplophyllum plicatum* Perss.

折叶苔 *Diplophyllum albicans*（L.）Dum

鳞叶折叶苔 *D. taxifolium*（Wahl.）Dum.

多胞合叶苔 *Scapania apiculata* Spruce.

厚边合叶苔 *S. carinthiaca* Jack.

齿萼苔科 Lophocoleaceae

异叶裂萼苔 *Lophccolea heterophylla*（Schrad.）Dum.

芽孢裂萼苔 *L. mincr* Nees

裂萼苔 *Chiloscyphus pallescens*（Ehrh.）Dum.

多苞裂萼苔 *C. polyanthus*（L.）Cord.

羽苔科 Plagiochilaceae

大萼平叶苔 *Pedinophyllum major-perianthium* Gao et Chang.

羽状羽苔 *Plagiochila dendroides* Lindb.

顶苞苔科 Acrobolbaceae

钝角顶苞苔 *Acrobolbus ciliatus*（Mitt.）Schiffn.

大萼苔科 Cephaloziaceae

曲枝大萼苔 *Cephalozia catenulata*（Hüb.）Lindb.

毛口大萼苔 *C. lacinulata*（Jack）Spruce.

拳叶苔 *Nowellia curvifolia*（Dicks）Mitt.

扁萼苔科 Radulaceae

扁萼苔 *Radula constricta* Steph.

光萼苔科 Porellaceae

北亚光萼苔 *Porella grandilcba* Lindb.

日本光萼苔 *P. japonica*（Lac.）Mitt.

多瓣苔 *Macvicaria ulophylla*（Steph.）Hatt.

耳叶苔科 Frullaniaceae

达呼里耳叶苔 *Frullania davurica* Hampe.

盔瓣耳叶苔 *F. muscicola* Steph.

欧耳叶苔 *F. tamarisci*（L.）Dum.

细鳞苔科 Lejeuneaceae

日本毛耳苔 *Jubula japonica* Steph.

南亚瓦鳞苔 *Trocholejeunea sandvicensis*（Gott.）Mizut.

兜叶细鳞苔 *Lejeunea cavifolia*（Ehrh.）Lindb.

小叶苔科 Fossombroniaceae

小叶苔 *Fossombronia pusilla*（L.）Dum.

溪苔科 Dilaenaceae

花叶溪苔 *Pellia endiviifolia*（Dicks.）Dum.

溪苔 *P. epiphylla*（L.）Corda.

绿片苔科 Aneuraceae

绿片苔 *Aneura pinguis*（L.）Dum.

片叶苔 *Riccardia multifida*（L.）S. Gray.

叉苔科 Metzgeriaceae

狭尖叉苔 *Metzgeria consanguinea* Schiffn.

毛叉苔 *M. pubescens*（*Schrank*）Raddi.

瘤冠苔科 Grimaldiaceae

石地钱 *Reboulia hemisphaerica*（L.）Raddi.

东亚花萼苔 *Asterella yoshinagana*

蛇苔科 Conocephalaceae

蛇苔 *Conocephalum conicum*（L.）Dum.

小蛇苔 *C. supradecompositum*（Lindb.）Steph.

地钱科 Marchantiaceae

粗裂地钱 *Marchantia paleacea* Berto

地钱 *M. polymorpha* .

钱苔科 Ricciaceae

叉钱苔 *Riccia fluitans* L.

钱苔 *R. glauca* L.

稀枝钱苔 *R. huebeneriana* Linen.

附录2：图们江源头区域蕨类植物名录

石松目
一、石杉科 Huperziaceae

1. 东北石杉 *Huperizia miyoshiana*
2. 石杉 *H. selago*
3. 蛇足石杉 *H. serrata*
4. 亚洲石杉 *H. lucidula*

二、石松科 Lycopodiaceae

5. 扁枝石松 *Diphasiatrum complanatum*
6. 杉蔓石松 *Lycopodium annotinum*
7. 东北石松 *L. clavatum*
8. 玉柏石松 *L. obscurum*

卷柏目
三、卷柏科 Selaginellaceae

9. 北方卷柏 *Selaginella borsalis*
10. 小卷柏 *S. helvetica*
11. 鹿角卷柏 *S. rossii*
12. 西伯利亚卷柏 *S. sibirica*
13. 蒲扇卷柏 *S. stauntoniana*
14. 卷柏 *S. tamariscina*

木贼目
四、木贼科 Equisetaceae

15. 问荆 *Equisetum arvense*
16. 水问荆 *E. fluriatile*
17. 草问荆 *E. pratense*
18. 犬问荆 *E. palustre*
19. 林问荆 *E. sylvaticum*
20. 节节草 *E. ramosissimum*
21. 木贼 *Hippochaete hyemale*
22. 水木贼 *H. limosum*
23. 兴安木贼 *H. variegatum*

瓶尔小草目
五、阴地蕨科 Botrychiaceae

24. 北方小阴地蕨 *Botrychium boreaie*
25. 劲直假阴地蕨 *Botrypus strictum*

26 假阴地蕨 *B. virginianus*

紫萁目

六、紫萁科 Osmundaceae

27. 分株紫萁 *Osmunda cinnamomea*

28. 绒紫萁 *O. claytoniana*

水龙骨目

七、膜蕨科 Hymenophyllaceae

29. 团扇蕨 *Gonocarmus minutus*

八、碗蕨科 Dennstaedtiaceae

30. 溪洞碗蕨 *Dennstaedtia wilfordii*

九、蕨科 Pteridaceae

31. 蕨 *Pteridium aquilinum*

十、中国蕨科 Sinopteridaceae

32. 银粉背蕨 *Aleuritopteris argentea*

33. 孔氏粉背蕨 *A. kuhnii*

十一、铁线蕨科 Adiantaceae

33. 掌叶铁线蕨 *Adiantum petatum*

十二、裸子蕨科 Hemionitidaceae

34. 尖齿凤丫蕨 *Coniogramme affinis*

36. 光叶凤丫蕨 *C. intermedia*

十三、蹄盖蕨科 Athyriaceae

37. 黑鳞短肠蕨 *Allantodia crenata*

38. 猴腿蹄盖蕨 *Athyrium brevifrons*

39. 东亚蹄盖蕨 *A. nipponicum*

40. 中华蹄盖蕨 *A. sinense*

41. 禾秆蹄盖蕨 *A. yokoscense*

42. 冷蕨 *Cystopteris fragilis*

43. 山冷蕨 *C. sudetica*

44. 羽节蕨 *Gymnocarpium jessoensis*

45. 朝鲜峨眉蕨 *Lunathyrium coranum*

46. 亚美峨眉蕨 *L. acrostichoides*

47. 和龙峨眉蕨 *L. helongense*

48. 新蹄盖蕨 *Neoathyrium crenulato*

49. 假冷蕨 *Pseudocystopteris spinulo*

十四、金星蕨科 Thelypteridaceae

50. 卵果蕨 *Phegopteris polypodioides*

51. 沼泽蕨 *Thelypteris palustris*

十五、铁角蕨科 Aspleniaceae

52. 虎尾铁角蕨 *Asplenium incisum*

53. 过山蕨 *Camptosorus sibiricum*

54. 对开蕨 *Phyllitis japonica*

十六、睫毛蕨科 Pleurosoriopsidaceae

54. 睫毛蕨 *Peurosoriopsis makinoi*

十七、球子蕨科 Onocleaceae

55. 荚果蕨 *Matteuccia strothiopteris*

57. 球子蕨 *Onoclea sensibilis*

十八、岩蕨科 Woodsiaceae

58. 膀胱岩蕨 *Protowoodsia manshuriensis*

59. 岩蕨 *Woodsia ilvensis*

60. 耳羽岩蕨 *W. polistichoides*

61. 大囊岩蕨 *W. macrochleana*

十九、鳞毛蕨科 Dryopteridacea

62. 黑水鳞毛蕨 *Dryopteris amurensis*

63. 长白鳞毛蕨 *D. changbaiensis*

64. 中华鳞毛蕨 *D. chinensis*

65. 粗茎鳞毛蕨 *D. crassirhizoma*

66. 广布鳞毛蕨 *D. expansa*

67. 东亚鳞毛蕨 *D. goeringiana*

68. 山地鳞毛蕨 *D. monticola*

69. 虎耳鳞毛蕨 *D. saxifranga*

70. 远东鳞毛蕨 *D. sichotensis*

71. 毛枝蕨 *Leptorumorha miqueliana*

72. 华北耳蕨 *Polystichum craspedosorum*

73. 三叶耳蕨 *P. Tripteron*

74. 布朗耳蕨 *P. braunii*

二十、水龙骨科 Polypodiaceae

75. 乌苏里瓦尾 *Lepisorus ussuriensisb*

76. 小多足蕨 *Polypodium virginianum*

77. 绒毛石韦 *Pyrrosia linearifolia*

78. 有柄石韦 *P. petiolosa*

苹目

二十一、苹科 Matsileaceae

79. 苹 *Marsilea quadrifolia*

槐叶苹目

二十二、槐叶苹科 Salviniacae

80. 槐叶苹 *Salvinia natans*

81. 满江红 *Azollaim bricata*

附录3：图们江源头区域种子植物名录

科序号	中文名称	拉丁名
	裸子植物	
1	松科(10/4)①	Pinaceae
	冷杉属	*Abies* Mill.
	沙松冷杉	*A. holophylla*
	臭冷杉	*A. nephrolepis*
	落叶松属	*Larix* Mill.
	长白落叶松	*L. olgensis*
	云杉属	*Picea* Dietr.
	鱼鳞云杉	*P. jezoensis*
	红皮云杉	*P. koraiensis*
	松属	*Pinus* L.
	红松	*P. koraiensis*
	偃松	*P. pumila*
	赤松	*P. densiflora*
	长白松	*P. sylvestris*
	油松	*P. tabulaeformis*
2	柏科(4/3)	Cupressaceae
	刺柏属	*Juniperus* L.
	杜松	*J. rigida*
	西伯利亚刺柏	*J. sibirica*
	圆柏属	*Sabina* Mill.
	兴安圆柏	*S. davurica*
	崖柏属	*Thuja* L.
	朝鲜崖柏	*T. koraiensis*
3	紫杉科(1/1)	Taxaceae
	红豆杉属	*Taxus* L.
	东北红豆杉	*T. cusdata*
	被子植物	
1	胡桃科(2/2)	Juglandaceae
	胡桃属	*Juglans* L
	胡桃楸	*J. mandshurica*
	枫杨属	*Pterocarya* Kunth.
	枫杨	*P. stenoptera*
2	杨柳科(12/3)	Salicaceae
	钻天柳属	*Chosenia* Nakai

（续）

序号	中文名称	拉丁名
	钻天柳	*C. arbutifolia*
	杨属	*Populus* L.
	山杨	*P. davidiana*
	香杨	*P. koreana*
	大青杨	*P. ussuriensis*
	柳属	*Salix* L.
	垂柳	*S. babylonica*
	旱柳	*S. matsudana*
	五蕊柳	*S. pentandra*
	大黄柳	*S. raddeana*
	粉枝柳	*S. rorida*
	三蕊柳	*S. triandra*
	嵩柳	*S. viminalis*
3	桦木科(9/4)	Betulaceae
	赤杨属	*Alnus* L.
	东北赤杨	*A. mandshurica*
	水冬瓜赤杨	*A. sibirica*
	桦木属	*Betula* L.
	风桦	*B. costata*
	黑桦	*B. dahurica*
	岳桦	*B. ermanii*
	白桦	*B. platyphylla*
	千金榆属	*Carpinus* L.
	千金榆	*C. cordata*
	榛属	*Corylus* L.
	榛	*C. heterophylla*
	毛榛	*C. mandshurica*
4	壳斗科(2/1)	Fegaceae
	栎属	*Quercus* L.
	槲树	*Q. dentata*
	蒙古栎	*Q. mongolica*
5	榆科(4/2)	Ulmaceae
	刺榆属	*Hemiptelea* Planch
	刺榆	*H. davidii*
	榆属	*Ulmua* L
	春榆	*U. yaponica*
	裂叶榆	*U. laciniata*
	榆树	*U. pumila* L.
6	桑科(3/3)	Moraceae

（续）

序号	中文名称	拉丁名
	大麻属	*Cannadbis* L.
	大麻	*C. stativa*
	葎草属	*Humulus* L.
	葎草	*H. scandens*
	桑属	*Morus* L.
	桑	*M. alba*
7	荨麻科(6/5)	Urticaceae
	苎麻属	*Boehmeria* Jacq.
	细穗苎麻	*B. gracilis*
	蝎子草属	*Girardinia* Gaudich.
	蝎子草	*G. suborbiculata*
	艾麻属	*Laportea* Gaudich.
	珠芽艾麻	*L. bulbifera*
	冷水花属	*Pilea* Lindl
	透茎冷水花	*P. mongolica*
	荨麻属	*Urtica* L.
	狭夜荨麻	*U. angustifolia*
	宽叶荨麻	*U. laetevirens*
8	檀香科(1/1)	Santalaceae
	百蕊草属	*Thesium* L.
	百蕊草	*T. chinense*
9	桑寄生科(1/1)	Loranthaceae
	槲寄生属	*Viscum* L.
	槲寄生	*V. coloratum*
10	蓼科(22/5)	Polygonaceae
	荞麦属	*Fagopyrum* Gaertn.
	苦荞	*F. tataricum*
	山蓼属	*Oxyria* Hill.
	肾叶高山蓼	*O. digyna*
	蓼属	*Polygonum* L.
	两栖蓼	*P. amphibium*
	萹蓄蓼	*P. aviculare*
	卷茎蓼	*P. convolvulus*
	叉分蓼	*P. divaricatum*
	耳叶蓼	*P. manshuriense*
	水蓼	*P. hydropiper*
	酸模叶蓼	*P. lapathifolium*
	白山蓼	*P. laxanni*
	头状蓼	*P. nepalense*

（续）

序号	中文名称	拉丁名
	倒根蓼	*P. ochotense*
	东方蓼	*P. orientale*
	穿叶蓼	*P. perfoliatum*
	桃叶蓼	*P. prsicaria*
	刺蓼	*P. senticosum*
	箭叶蓼	*P. sieboldii*
	戟叶蓼	*P. thunbergii*
	香蓼	*P. visosum*
	朱芽蓼	*P. viviparum*
	何首乌属	*Reynoutria* Houtt.
	何首乌	*R. multifolra*
	酸模属	*Rumex* L.
	酸模	*R. acetosa*
	皱叶酸模	*R. crispus*
11	马齿苋科(1/1)	Portulacaceae
	马齿苋属	*Portulaca* L.
	马齿苋	*P. oleracea*
12	石竹科(27/13)	Caryophyllaceae
	卷耳属	*Cerastium* L.
	卷耳	*C. holosteoides*
	毛蕊卷耳	*C. pauciflorum*
	高山卷耳	*C. rubescens*
	狗筋蔓属	*Cucubalus* L.
	狗筋蔓	*C. baccifer*
	石竹属	*Kianthus* L.
	头石竹	*K. barbatus*
	石竹	*K. chinensis*
	瞿麦	*K. superbus*
	头安石竹	*K. versicolor*
	石头花属	*Gypsophila* L.
	细梗石头花	*G. pacifica*
	剪秋罗属	*Lychnis* L.
	丝瓣剪秋萝	*L. wilfordii*
	浅裂剪秋萝	*L. cognata*
	大花剪秋萝	*L. fulgens*
	鹅肠菜属	*Malachium* Fries
	鹅肠菜	*M. aquaticum*
	女娄菜属	*Melandrium* Roehl
	光萼女娄菜	*M. firmum*

（续）

序号	中文名称	拉丁名
	米努草属	*Minuartia* L.
	石米努草	*M. laricina*
	假繁缕属	*Pseudostellaria* Pax
	蔓假繁缕	*P. davidii*
	孩儿参	*P. hiterophylla*
	狭叶假繁缕	*P. sylvatica*
	肥皂草属	*Saponaria* L.
	肥皂草	*S. officinalis*
	麦瓶草属	*Silene* L.
	旱麦瓶草	*S. jenisseensis*
	朝鲜麦瓶草	*S. koreana*
	狗筋麦瓶草	*S. vulgaris*
	繁缕属	*Stellaria* L.
	繁缕	*S. media*
	垂梗繁缕	*S. radians*
	王不留行属	*Vaccaria* Madic.
	王不留行	*V. segetalis*
13	藜科(8/4)	Chenopodiaceae
	轴藜属	*Axyris* L.
	轴藜	*A. amaranthoides*
	藜属	*Chenopodium* L.
	藜	*C. album*
	刺藜	*C. aristatum*
	灰绿藜	*C. glaucum*
	杂配藜	*C. hybridum*
	小藜	*C. serotinum*
	地肤属	*Kochia* Roth
	地肤	*K. scoparia*
	猪毛菜属	*Salsola* L.
	猪毛菜	*S. collina*
14	苋科(2/1)	Amaranthaceae
	苋属	*Amaranthus* L.
	凹头苋	*A. lividus*
	反枝苋	*A. retroflexus*
15	木兰科(1/1)	Magnoliaceae
	木兰属	*Magnolia* L.
	天女木兰	*M. sieboldii*
16	五味子科(1/1)	Schisandraceae
	五味子属	*Schisandra* Michx

（续）

序号	中文名称	拉丁名
	五味子	*S. chinenisis*
17	樟科（1/1）	Lauraceae
	山胡椒属	*Lindera* Thunb.
	三桠乌药	*L. obtusiloba*
18	毛茛科（61/17）	Ranunculaceae
	乌头属	*Aconitum* L.
	两色乌头	*A. alboviolaceum*
	黄花乌头	*A. coreanum*
	弯枝乌头	*A. fischeri*
	吉林乌头	*A. kirinense*
	北乌头	*A. ukusnezoffii*
	高山乌头	*A. monanthum*
	长白乌头	*A. tschangbaishanense*
	草地乌头	*A. umbrosum*
	蔓乌头	*A. tolubile*
	类叶升麻属	*Actaea* L.
	类叶升麻	*A. asiatica*
	红果类叶升麻	*A. erythrocarpa*
	侧金盏属	*Adonis* L.
	侧金盏花	*A. amurensis*
	辽吉侧金盏花	*A. ramosa*
	银莲花属	*Anemone* L.
	二歧银莲花	*A. dichotoma*
	多被银莲花	*A. raddeana* Regel
	黑水银莲花	*A. amurensis*
	阴地银莲花	*A. umbrosa*
	反萼银莲花	*A. rdflexa*
	细茎银莲花	*A. rossii*
	耧斗菜属	*Aquilegia* L.
	耧斗菜	*A. viridiflora*
	尖萼耧斗菜	*A. oxysepala*
	长白耧斗菜	*A. flabellata*
	驴蹄草属	*Caltha* L.
	驴蹄草	*C. palustris*
	薄叶驴蹄草	*C. membranacea*
	升麻属	*Cimicifuga* L.
	兴安升麻	*C. dahurica*
	大三叶升麻	*C. heracleifolia*
	单穗升麻	*C. simplex*

（续）

序号	中文名称	拉丁名
	铁线莲属	*Clematis* L.
	卷萼铁线莲	*C. tubulosa*
	转子莲	*C. patens*
	棉团铁线莲	*C. hexapetalea*
	辣蓼铁线莲	*C. mandshurica*
	褐毛铁线莲	*C. fusca*
	齿叶铁线莲	*C. serratifolia*
	林地铁线莲	*C. brevicaudata*
	朝鲜铁线莲	*C. koreana*
	高山铁线莲	*C. nobilis*
	长瓣铁线莲	*C. macropetala*
	翠雀属	*Delphinium* L.
	宽苞翠雀	*D. maackianum*
	翠雀	*D. grandiflorum*
	拟扁果草属	*Enemion* Raf.
	拟扁果草	*E. raddeanum*
	菟葵属	*Eranthis* Salisb.
	菟葵	*E. stellatl*
	獐耳细辛属	*Hepatica* Mall.
	獐耳细辛	*H. asiatica*
	扁果草属	*Isopyrum* L.
	东北扁果草	*I. manshuricum*
	白头翁属	*Pulsatilla* Mill
	白头翁	*P. chinensis*
	兴安白头翁	*P. dahurica*
	朝鲜白头翁	*P. cernua*
	毛茛属	*Ranunculus* L.
	毛茛	*R. uaponica*
	石龙芮	*R. xceleratus*
	回回蒜	*R. chinensis*
	深山毛茛	*R. franchdtii*
	匍枝毛茛	*R. repens*
	小叶毛茛	*R. gmelinii*
	长叶水毛茛	*R. kauffmanii*
	唐松草属	*Thalictrum* L.
	翼果唐松草	*T. aquilegifolium*
	箭头唐松草	*T. simplex*
	展枝唐松草	*T. squarrosum*
	深山唐松草	*T. tuberiferum*

（续）

序号	中文名称	拉丁名
	金莲花属	*Trollius* L.
	长瓣金莲花	*T. macopetalus*
	短瓣金莲花	*T. ledebouri*
	金莲花	*T. chinensis*
	长白金莲花	*T. japonicus*
19	小檗科(6/5)	Berberidaceae
	小檗属	*Berberis* L.
	细叶小檗	*B. poiretii*
	大叶小檗	*B. amurensis*
	类叶牡丹属	*Caulophyllum* Michx.
	类叶牡丹	*C. robustum*
	淫羊藿属	*Epimedium* L.
	朝鲜淫羊藿	*E. koreanum*
	鲜黄连属	*Jeffersonia* Barton
	鲜黄连	*J. dubia*
	牡丹草属	*Gymnospermium* L.
	牡丹草	*G. microrrhyncha*
20	防己科(1/1)	Menispermaceae
	蝙蝠葛属	*Menispermum* L.
	蝙蝠葛	*M. dahuricum*
21	睡莲科(4/4)	Nymphaeaceae
	芡属	*Euryale* Salisb.
	芡实	*E. ferox*
	莲属	*Nelumbo* Adans
	莲	*N. nucifera*
	萍蓬草属	*Nuphar* Smith
	萍蓬草	*N. phmilum*
	睡莲属	*Nymphaea* L.
	睡莲	*N. tetragona*
22	金粟兰科(1/1)	Chloranthaceae
	银线草属	*Chloranthus* Swartz
	银线草	*C. japonicus*
23	马兜铃科(4/2)	Aristolochiaceae
	马兜铃属	*Aristolochia* L.
	北马兜铃	*A. contorta*
	木通马兜铃	*A. manshuriensis*
	细辛属	*Asarum* L.
	辽细辛	*A. heterotropoides*
	汉城细辛	*A. sieboldii* var. Miq. f. *seoulense* Nakai

（续）

序号	中文名称	拉丁名
24	芍药科(3/1)	Paeoniaceae
	芍药属	*Paeonia* L.
	草芍药	*P. obovata*
	山芍药	*P. japonica*
	芍药	*P. lactiflora*
25	猕猴桃科(3/1)	Actinidiaceae
	猕猴桃属	*Actinidia* Lindl
	葛枣猕猴桃	*A. polygama*
	狗枣猕猴桃	*A. kolomikta*
	软枣猕猴桃	*A. arguta*
26	金丝桃科(4/2)	Hypericaceae
	金丝桃属	*Hypericum* L.
	长柱金丝桃	*H. ascyron*
	短柱金丝桃	*H. gebleri*
	乌腺金丝桃	*H. attenuatum*
	地耳草属	*Triadenum* Rmf.
	地耳草	*T. japonicum*
27	茅膏菜科(1/1)	Droseraceae
	茅膏菜属	*Drosera* L.
	圆叶茅膏菜	*D. rotundifolia*
28	罂粟科(13/5)	Papaveraceae
	合瓣花属	*Adulumia* Raf.
	合瓣花	*A. asiatica*
	白屈菜属	*Chelidonium* L.
	白屈菜	*C. majus*
	紫堇属	*Corydalis* Vent.
	东紫堇	*C. buschii*
	齿瓣延胡索	*C. turtschanivnoii*
	全叶延胡索	*C. repens*
	巨紫堇	*C. gigantea*
	黄紫堇	*C. ochotensis*
	东北延胡索	*C. ambigua*
	珠果紫堇	*C. pallida*
	荷青花属	*Hylomecon* Maxim.
	荷青花	*H. japonica*
	罂粟属	*Papaver* L.
	白山罂粟	*P. pseudo-radicatum*
	野罂粟	*P. nudicaule*
	黑水罂粟	*P. amurense*

（续）

序号	中文名称	拉丁名
29	十字花科（15/12）	Cruciferae
	南芥属	*Arabis* L.
	垂果南芥	*A. pendula*
	山芥属	*Barbarea* R. Br.
	山芥	*B. orthoceras*
	荠属	*Capsilla* Medic.
	荠	*C. bursa-pastoris*
	碎米荠属	*Cardamine* L.
	伏水碎米荠	*C. prorepens*
	白花碎米荠	*C. leucantha*
	翼柄碎米荠	*C. komarovii*
	细叶碎米荠	*C. schulziana*
	播娘蒿属	*Descurania* Webb. et Berthel.
	播娘蒿	*D. sophea*
	花旗竿属	*Dontostemon* Andrz.
	花旗竿	*D. dentatus*
	葶苈属	*Draba* L.
	葶苈	*D. nemorosa*
	香芥属	*Clausia* Konr. -Tr.
	香芥	*C. trichosepala*
	独行菜属	*Lepidium* L.
	独行菜	*L. apetalum*
	蔊菜属	*Rorippa* Scop.
	风花菜	*R. islandica*
	大蒜芥属	*Sisymbrium* L.
	黄花大蒜芥	*S. luteum*
	菥蓂属	*Thlaspi* L.
	菥蓂	*T. aravense*
30	景天科（12/4）	Crassulaceae
	八宝属	*Hylotolephium* H. Ohba
	白八宝	*H. pallescens*
	珠芽八宝	*H. vivparum*
	长药八宝	*H. spectabile*
	瓦松属	*Orostachys*（DC.）Fisch.
	钝叶瓦松	*O. malacophyllus*
	狼爪瓦松	*O. cartilagineus*
	小瓦松	*O. minutus*
	黄花瓦松	*O. spinosus*
	红景天属	*Rhodiola* L.

（续）

序号	中文名称	拉丁名
	高山红景天	*R. sachalinensis*
	景天属	*Sedum* L.
	藓状景天	*S. polytrichoides*
	费菜	*S. aizoon*
	细叶景天	*S. middendorffianum*
31	虎耳草科（23/10）	Saxifragaceae
	扯根菜属	*Penthorum* L.
	扯根菜	*P. chinense*
	落新妇属	*Astilbe* Buch. -Ham.
	落新妇	*A. chinensis*
	朝鲜落新妇	*A. koreana*
	山荷叶属	*Astilboides* Engler.
	山荷叶	*A. tabularis*
	金腰属	*Chrysosplenium* L.
	互叶金腰	*C. alernifolium*
	林金腰	*C. lectus-cochleae*
	槭叶草属	*Mukdenia* Koidz.
	槭叶草	*M. rossii*
	梅花草属	*Parnassi* L.
	梅花草	*P. palustris*
	虎耳草属	*Saxifraga* L.
	斑点虎耳草	*S. punctata*
	溲疏属	*Deutzia* Thumb
	小花溲疏	*D. parviflora*
	李叶溲疏	*D. hamata*
	无毛溲疏	*D. glabrata*
	东北溲疏	*D. amurensis*
	山梅花属	*Philadepus* L.
	堇叶山梅花	*P. tenuifoliu*
	东北山梅花	*P. schrenkii*
	茶藨属	*Ribes* L.
	刺果茶藨子	*R. burejense*
	长白茶藨子	*R. komarovii*
	东北茶藨子	*R. mandshuricum*
	尖叶茶藨子	*R. maximoviczianum*
	楔叶茶藨子	*R. diacantha*
	矮茶藨子	*R. triste*
	刺腺茶藨子	*R. horridum*
32	蔷薇科（57/24）	Rosaceae

（续）

序号	中文名称	拉丁名
	假升麻属	*Aruncus* L.
	假升麻	*A. sylvester*
	白鹃梅属	*Exochorda* Lindl.
	齿叶白鹃梅	*E. serratifolia*
	风箱果属	*Physocarpus*（Cambess）Maxim
	风箱果	*P. amurensis*
	绣线梅属	*Neillia* D. Don.
	东北绣线梅	*N. uekii*
	珍珠梅属	*Sorbaria*（Ser.）A. Br. ex Axcherss
	珍珠梅	*S. sorbifolia*
	绣线菊属	*Spiraea* L.
	石蚕叶绣线菊	*S. chamaedryfolia*
	绣线菊	*S. salicifolia*
	土庄绣线菊	*S. pubescens*
	绢毛绣线菊	*S. sericea*
	山楂属	*Crataegus* L.
	毛山楂	*C. maximowiczii*
	山楂	*C. pinnatifida*
	苹果属	*Malus* Mill.
	毛山荆子	*M. mandshurica*
	山荆子	*M. baccata*
	山楂海棠	*M. komarovii*
	梨属	*Pyrus* L.
	秋子梨	*P. ussruiensis*
	花楸属	*Sorbus* L.
	水榆花楸	*S. alnifolia*
	花楸树	*S. pohuashanensis*
	龙芽草属	*Agrimonia* L.
	龙芽草	*A. pilosa*
	沼委陵菜属	*Comarum* L.
	东北沼委陵菜	*C. plaustre*
	仙女木属	*Dryas* L.
	蛇莓属	*Duchesnea* L.
	蛇莓	*D. india*
	蚊子草属	*Filipendula* Adans.
	槭叶蚊子草	*F. purpurea*
	蚊子草	*F. plamata*
	草莓属	*Fragaria* L.
	东方草莓	*F. orientalis*

（续）

序号	中文名称	拉丁名
	水杨梅属	*Geum* L.
	水杨梅	*G. aleppicum*
	委陵菜属	*Potentilla* L.
	鹅绒委陵菜	*P. anserina*
	二裂叶委陵菜	*P. bifurca*
	委陵菜	*P. chinensis*
	狼牙委陵菜	*P. cryptotaeniae*
	三叶委陵菜	*P. freyniana*
	假雪委陵菜	*P. nivea*
	金露梅	*P. fruticosa*
	莓叶委陵菜	*P. fragarioides*
	蔷薇属	*Rosa* L.
	长白蔷薇	*R. koreana*
	玫瑰	*R. rugosa*
	山刺玫	*R. davurica*
	刺蔷薇	*R. acicularis*
	伞花蔷薇	*R. maximowicziana*
	悬钩子属	*Rubus* L.
	绿叶悬钩子	*R. komarovii*
	茅莓悬钩子	*R. parvifolius*
	北悬钩子	*R. arcticus*
	库页悬钩子	*R. sachalinensis*
	山楂叶悬钩子	*R. crataegifolius*
	地榆属	*Sanguisorba* L.
	大白花地榆	*S. sitchensis*
	小白花地榆	*S. parviflora*
	地榆	*S. officinalis*
	林石草属	*Waldsteinia* Willd
	林石草	*W. ternata*
	李属	*Prunus* L.
	欧李	*P. hunilis*
	长梗郁李	*P. ujaponica* var. *nakaii*
	稠李	*P. padus*
	斑叶稠李	*P. maackii*
	黑樱桃	*P. maximowiczii*
	东北杏	*P. . mandshuria*
	山杏	*P. ansu*
	毛樱桃	*P. tomentosa*
	东北李	*P. ussuriensis*

（续）

序号	中文名称	拉丁名
	山樱桃	*P. verecunda*
	扁核木属	*Prinsepia* Royle
	东北扁核木	*P. sinensis*
33	豆科（42/25）	Leguminosee
	田皂角属	*Aeschynomene* L.
	田皂角	*A. indica*
	决明属	*Cassia* L.
	豆茶决明	*C. nomame*
	紫穗槐属	*Amorpha* L.
	紫穗槐	*A. fruticosa*
	两型豆属	*Amphicarpaea* Ell.
	两型豆	*A. trisperma*
	黄耆属	*Astragalus* L.
	黄耆	*A. membranaceus*
	兴安黄耆	*A. dahuricus*
	湿地黄耆	*A. uliginosus*
	杭子梢属	*Campylotropis* Bunge
	杭子梢	*C. macrocarpa*
	锦鸡儿属	*Caragana* Fabr.
	树锦鸡儿	*C. arborescens*
	猪屎豆属	*Crotalaria* L.
	野百合	*C. sessiliflora*
	山蚂蟥属	*Desmadium* Deav.
	东北山蚂蟥	*D. fallax*
	羽叶山蚂蟥	*D. oldhamii*
	野大豆属	*Glycine* Willd.
	野大豆	*G. soja*
	米口袋属	*Gueldenstaedtia* Fisch.
	米口袋	*G. verna*
	岩黄耆属	*Hedysarum* L.
	长白岩黄耆	*H. ussuriense*
	木兰属	*Indigofera* L.
	花木蓝	*I. kirlowii*
	鸡眼草属	*Kummerowia* Schindl.
	鸡眼草	*K. strtiata*
	山黧豆属	*Lathyrus* L.
	牧地山黧豆	*L. pratensis*
	大山黧豆	*L. davidii*
	五脉山黧豆	*L. quinquenervius*

（续）

序号	中文名称	拉丁名
	三脉山黧豆	*L. komarovii*
	胡枝子属	*Lespedeza* Michx.
	胡枝子	*L. bicolor*
	兴安胡枝子	*L. davurica*
	马鞍树属	*Maackia* Rupr. et Maxim
	朝鲜槐	*M. amurensis*
	苜蓿属	*Medicago* L.
	天蓝苜蓿	*M. amurensis*
	苜蓿	*M. sativa*
	草木犀属	*Mililotus* Adans.
	草木犀	*M. suaveolens*
	白花草木犀	*M. albus*
	棘豆属	*Oxytropis* DC.
	长白棘豆	*O. anertii*
	葛属	*Pueraria* DC.
	野葛	*P. lobata*
	刺槐属	*Robinia* L.
	刺槐	*R. pseudoacacia*
	槐属	*Sophora* L.
	苦参	*S. flavescens*
	车轴草属	*Trifolium* L.
	野火球	*T. lupinaster*
	白车轴草	*T. repens*
	红车轴草	*T. pratense*
	杂种车轴草	*T. hybridum*
	野豌豆属	*Vicia* L.
	多茎野豌豆	*V. multicaulis*
	广布野豌豆	*V. cracca*
	北野豌豆	*V. ramuliflora*
	东方野豌豆	*V. japonica*
	大叶野豌豆	*V. pseudorobus*
	歪头菜	*V. nuijuga*
34	酢浆草科(3/1)	Oxalidaceae
	酢浆草属	*Oxalis* L.
	酢浆草	*O. corniculata*
	山酢浆草	*O. acetosella*
	三角酢浆草	*O. obtriangulata*
35	牻牛儿苗科(10/2)	Geraniaceae
	牻牛儿苗属	*Erodium* L.

序号	中文名称	拉丁名
	牻牛儿苗	*E. stephanianum*
	老鹳草属	*Geranium* L.
	突节老鹳草	*G. krameri*
	鼠掌老鹳草	*G. sibiricum*
	老鹳草	*G. wilfordi*
	毛蕊老鹳草	*G. platyanthum*
	北方老鹳草	*G. erianthum*
	线裂老鹳草	*G. soboliferum*
	兴安老鹳草	*G. maximowiczii*
	朝鲜老鹳草	*G. koreanum*
36	蒺藜科(1/1)	Zygophyllaceae
	蒺藜属	*Tribulus* L.
	蒺藜	*T. terrestris*
37	亚麻科(1/1)	Linaceae
	亚麻属	*Linum* L.
	亚麻	*L. stelleroides*
38	大戟科(7/3)	Euphorbiaceae
	大戟属	*Euphorbia* L.
	地锦	*E. humifusa*
	斑地锦	*E. sapina*
	林大戟	*E. lucorum*
	东北大戟	*E. mandshurica*
	狼毒大戟	*E. fischeriana*
	铁苋菜属	*Acalypha* L.
	铁苋菜	*A. australis*
	叶底珠属	*Securinega* Juss.
	叶底珠	*S. suffruticosa*
39	芸香科(2/2)	Rutaceae
	白鲜属	*Dictamnus* L.
	白鲜	*D. aneurodictyon*
	黄檗属	*Phellodendron* Rupr.
	黄檗	*P. amurense*
40	漆树科(2/2)	Anacardiaceae
	盐肤木属	*Rhus*（Tourn.）L.
	盐肤木	*R. chinensis*
	漆属	*Toxicodendron*（Tourn.）Mill
	漆树	*T. vernicifluum*
41	远志科(2/1)	Polygalaceae
	远志属	*Polygala* L.

（续）

序号	中文名称	拉丁名
	瓜子金	*P. japonica*
	远志	*P. tenuifolia*
42	槭树科（11/1）	Aceraceae
	槭属	*Acer* L.
	色木槭	*A. mono*
	青楷槭	*A. tegmentosum*
	茶条槭	*A. ginnla*
	花楷槭	*A. ukuruntatum*
	髭脉槭	*Acer barbinerve*
	小楷槭	*A. komarovii*
	紫花槭	*A. pseudo-sieboldianum*
	东北槭	*A. mandshurica*
	梣叶槭	*A. negundo*
	三花槭	*A. triflorum*
	元宝槭	*A. truncatum*
43	凤仙花科（2/1）	Balsaminaceae
	凤仙花属	*Impatienx* L.
	水金凤	*I. noli-tangere*
	东北凤仙花	*I. furcillata*
44	卫矛科（7/3）	Celastraceae
	南山腾属	*Celastrus* L.
	刺苞南蛇藤	*C. flagellaris*
	南蛇腾	*C. orbiculatus*
	卫矛属	*Euonymus* L.
	卫矛	*E . alatus*
	白杜	*E. maackii*
	翅卫矛	*E. macropterus*
	瘤枝卫矛	*E. pauciflorus*
	雷公藤属	*Tripterygium* Hook. f.
	东北雷公藤	*T. regelii*
45	省沽油科（1/1）	Staphyleaeae
	省沽油属	*Staphylea* L.
	省沽油	*S. bumalda*
46	鼠李科（1/1）	Rhamnaceae
	鼠李属	*Rhamnus* L.
	鼠李	*R. davurica*
47	葡萄科（5/3）	Vitaceae
	爬山虎属	*Parthenocissus* Planch.
	爬山虎	*P. tricuspidata*

（续）

序号	中文名称	拉丁名
	五叶地锦	*P. quinquefolia*
	葡萄属	*Vitis* L.
	山葡萄	*V. amurensis*
	蛇葡萄属	*Ampelopsis* Michk.
	蛇葡萄	*A. grevipedunculata*
	白蔹	*A. japonica*
48	椴树科(2/1)	Tiliaceae
	椴属	*Tilia* L.
	紫椴	*T. amurensis*
	糠椴	*T. mandshurica*
49	锦葵科(3/3)	Malvaceae
	锦葵属	*Malva* L.
	冬葵	*M. verticillatl*
	苘麻属	*Abutilon* Mill
	苘麻	*A. theophrasi*
	木槿属	*Hibiscus* L.
	野西瓜苗	*H. trionum*
50	瑞香科(1/1)	Thymelaeaceae
	瑞香属	*Daphne* L.
	长白瑞香	*D. koreana*
51	胡颓子科(1/1)	Elaeagnaceae
	沙棘属	*Hippophae* L.
	沙棘	*H. rhamnoides*
52	堇菜科(21/1)	Violaceae
	堇菜属	*Vioal* L.
	鸡腿堇菜	*V. acuminata*
	双花堇菜	*V. biflor*
	球果堇菜	*V. collina*
	大叶堇菜	*V. diamantiaca*
	裂叶堇菜	*V. dissecta*
	溪堇菜	*V. epipsile*
	凤凰堇菜	*V. funghuangensis*
	东北堇菜	*V. mandshurica*
	紫花堇菜	*V. yedoensis*
	奇异堇菜	*V. mirabilis*
	蒙古堇菜	*V. mongolica*
	白花堇菜	*V. patrinii*
	茜堇菜	*V. phalacrocarpa*
	库页堇菜	*V. sacchalinensis*

（续）

序号	中文名称	拉丁名
	早开堇菜	*V. prionantha*
	深山堇菜	*V. selkirkii*
	斑叶堇菜	*V. variegata*
	黄花堇菜	*V. xanthopetala*
	南山堇菜	*V. chaerophylloides*
	毛柄堇菜	*V. hirtipes*
	朝鲜堇菜	*V. albida*
53	葫芦科(3/3)	Cucurbitaceae
	盒子草属	*Actinostemma* Griff.
	盒子草	*A. tenerum*
	裂瓜属	*Schizopepon* Maxim.
	裂瓜	*S. bryoniaefolius*
	赤瓟属	*Thladiantha* Bunge.
	赤瓟	*T. dubia*
54	千屈菜科(1/1)	Lythraceae
	千屈菜属	*Lythrum* L.
	千屈菜	*L. salicaria*
55	菱科(1/1)	Trapaceae
	菱属	*Trapa* L.
	格菱	*T. komarovii*
56	柳叶菜科(1/1)	Onagraceae
	柳兰属	*Chamaenerion* Adans.
	柳兰	*C. angustifolium*
	露珠草属	*Circaea* L.
	露珠草	*C. cordata*
	柳叶菜属	*Epilobium* L.
	柳叶菜	*E. hirsutum*
	月见草属	*Oenothera* L.
	月见草	*O. biennis*
57	小二仙草科(1/1)	Haloragaidceae
	狐尾藻属	*Myriophyllum* L.
	狐尾藻	*M. verticillatum*
58	杉叶藻科(1/1)	Hippuridaceae
	杉叶藻属	*Hippuris* L.
	杉叶藻	*H. vulgaris*
59	八角枫科(1/1)	Alangiaceae
	瓜木属	*Alangium* Lam.
	瓜木	*A. platanifoliurr*
60	山茱萸科(3/2)	Cornaceae

（续）

序号	中文名称	拉丁名
	草茱萸属	*Chamaepericlymenun* Graebn.
	草茱萸	*C. canadense*
	梾木属	*Cornus* L.
	红瑞木	*C. alba*
	台灯树	*C. controversa*
61	五加科（7/5）	Araliceae
	五加属	*Acanthopanax* Miq.
	无梗五加	*A. sessiliflorus*
	刺五加	*A. senticosus*
	楤木属	*Aralia* L.
	辽东楤木	*A. elata*
	东北土当归	*A. continentalis*
	刺楸属	*Kalopanax* Miq.
	刺楸	*K. septemlobus*
	刺参属	*Oplopanax* Miq.
	刺参	*O. elatus*
	人参属	*Panax* L.
	人参	*P. ginseng*
62	伞形科（29/20）	Umbilliferae
	羊角芹属	*Aegopodium* L.
	东北羊角芹	*A. alpestre*
	当归属	*Angelica* L.
	朝鲜当归	*A. gigas*
	黑水当归	*A. amurensis*
	狭叶当归	*A. anomala*
	大活	*A. dahurica*
	峨参属	*Anthriscus*（Pers.）Hoffm.
	峨参	*A. sylvestris*
	柴胡属	*Bupleurum* L.
	北柴胡	*B. chinense*
	大苞柴胡	*B. euphorbioides*
	大叶柴胡	*B. longiradiatum*
	红柴胡	*B. scorzoneraefolium*
	黑柴胡	*B. smithii*
	毒芹属	*Cicuta* L.
	毒芹	*C. virosa*
	蛇床属	*Cnidium* Cuss.
	蛇床	*C. monniei*
	高山芹属	*Coelopeurum* Ledeb.

（续）

序号	中文名称	拉丁名
	高山芹	*C. saxatile*
	长白高山芹	*C. nakaianum.*
	珊瑚菜属	*Glehnia* Fr. Schmidt ex Miq.
	珊瑚菜	*G. littoralis*
	牛防风属	*Heracleum* L.
	兴安牛防风	*H. dissectum*
	东北牛防风	*H. moellendorffii*
	鸭儿芹属	*Cryptotaenis* DC.
	鸭儿芹	*C. japonica*
	藁本属	*Ligusticrm* L.
	辽藁本	*L. jeholense*
	水芹属	*Oenanthe*(Blume.) DC.
	水芹	*O. javanica*
	香根芹属	*Osmorhiza* Rafin.
	香根芹	*O. aristata*
	石防风属	*Peucedanum* L.
	石防风	*P. terebinthaceum*
	大叶芹属	*Spuriopimpinella* Kitag.
	大叶芹	*S. brachycarpa*
	棱子芹属	*Pleurospermum* Hoffm.
	棱子芹	*P. camtschaticum*
	前胡属	*Porphyroscias* Miq.
	前胡	*P. decursiva*
	变豆菜属	*Sanicula* L.
	变豆菜	*S. chinensis*
	紫花变豆菜	*S. rubiflora*
	防风属	*Sapashnikovia* Schischk.
	防风	*S. divaricata*
	窃衣属	*Toritis* Adans.
	窃衣	*T. japonica*
63	鹿蹄草科(8/5)	Pyolaceae
	喜冬草属	*Chimapila* Purch.
	伞形喜冬草	*C. umbellata*
	喜冬草	*C. japonica*
	水晶兰属	*Monotropa* L.
	松下兰	*M. hypopitys*
	独丽花属	*Moneses* Saliab.
	独丽花	*M. uniflora*
	假水晶兰属	*Cheilotheca* Hook. f.

（续）

序号	中文名称	拉丁名
	球果假水晶兰	*C. humilis*
	鹿蹄草属	*Pyrola* L.
	肾叶鹿蹄草	*P. renifolia*
	红花鹿蹄草	*P. incarnata*
	日本鹿蹄草	*P. japonica*
64	杜鹃花科（16/6）	Ericaceae
	北极果属	*Arctous*（A. Gray）Niedenzu
	红北极果	*A. ruber*
	杜香属	*Ledum* L.
	细叶杜香	*L. palustre*
	松毛翠属	*Phyllodoce* Salisb.
	松毛翠	*P. caerulea*
	毛蒿豆属	*Oxycoccus* Hill.
	大果毛蒿豆	*O. quadripetalus*
	杜鹃花属	*Rhododendron* L.
	牛皮杜鹃	*R. aureum*
	短果杜鹃	*R. brachycarpum*
	大字杜鹃	*R. schlippenbackii*
	照白杜鹃	*R. micranthum*
	小叶杜鹃	*R. parvifolium*
	毛毡杜鹃	*R. confertissimum*
	兴安杜鹃	*R. dauricum*
	迎红杜鹃	*R. mucronulatum*
	越橘属	*Vaccinium* L.
	越橘	*V. vitis-idaea*
	笃斯越橘	*V. uliginosum*
	朝鲜越橘	*V. koreanum*
65	报春花科（12/4）	Primulaceae
	点地梅属	*Androsace* L.
	点地梅	*A. unbellata*
	东北点地梅	*A. efiliformis*
	珍珠菜属	*Lysimachia* L.
	黄连花	*L. davurica*
	狼尾花	*L. barystachys*
	珍珠菜	*L. crethroidea*
	球尾菜	*L. thyrsiflora*
	报春花属	*Primula* L.
	樱草	*P. sieboldii*
	粉报春	*P. farinosa*

（续）

序号	中文名称	拉丁名
	箭报春	*P. fistulosa*
	肾叶报春	*P. loesendri*
	七瓣莲属	*Trientalis* L.
	七瓣莲	*T. europaea*
66	安息香科（1/1）	Styracaceae
	安息香属	*Styrax* L.
	玉铃花	*S. obassia*
67	山矾科（1/1）	Symplocaceae
	山矾属	*Symplocos* Jacq.
	白檀	*S. paniculata*
68	木犀科（7/3）	Oleaceae
	连翘属	*Forsythia* Vahl.
	东北连翘	*F. mandshurica*
	梣属	*Fraxinus* L.
	花曲柳	*F. rhynchophylla*
	水曲柳	*F. mandshurica*
	丁香属	*Syringa* L.
	四季丁香	*S. meyeri*
	暴马丁香	*S. reticulata*
	紫丁香	*S. ablata*
	辽东丁香	*S. wolfii*
69	龙胆科（12/5）	Gentianaceae
	龙胆属	*Gentiana* L.
	东北龙胆	*G. mandshurica*
	龙胆	*G. scabra*
	金刚龙胆	*G. uchiyamai*
	鳞叶龙胆	*G. squarrosa*
	三花龙胆	*G. triflora*
	白山龙胆	*G. uamesii*
	扁蕾属	*Gentianopsis* Ma.
	扁蕾	*G. baubata*
	花锚属	*Halenia* Borkh.
	花锚	*H. corniculata*
	翼萼蔓属	*Pterygocalyx* Maxim.
	翼萼蔓	*P. volubills*
	獐牙菜属	*Swertia* L.
	瘤毛獐牙菜	*S. pseudochinensis*
	卵叶獐牙菜	*S. wiforde*
70	睡菜科（3/2）	Menyanthaceae

序号	中文名称	拉丁名
	睡菜属	*Menyanthes* L.
	睡菜	*M. trifoliata*
	荇菜属	*Nymphoides* Seguier.
	白花荇菜	*N. coreana*
	荇菜	*Nymphoides piltata*
71	萝藦科(5/2)	Asclepiadaceae
	鹅绒藤属	*Cynanchum* L.
	徐长卿	*C. paniculatum*
	白薇	*C. atratum*
	潮风草	*C. ascyrifolium*
	竹灵消	*C. inamoenum*
	萝藦属	*Metaplexis* R. Br.
	萝藦	*M. japonica*
72	茜草科(6/3)	Rubiaceae
	车叶草属	*Asperula* L.
	卵叶车叶草	*A. platygalium*
	拉拉藤属	*Galium* L.
	拉拉藤	*G. aparine*
	莲子菜	*G. verum*
	北方拉拉藤	*G. boreale*
	林拉拉藤	*G. paradoxum*
	茜草属	*Rubia* L.
	茜草	*R. cordifolia*
73	花葱科(2/1)	Polemoniaceae
	花葱属	*Polemonium* L.
	花葱	*P. liniflorum*
	腺毛花葱	*P. laxiflorum*
74	旋花科(10/4)	Convolvulaceae
	打碗花属	*Calystegia* R. Br
	打碗花	*C. hedracea*
	毛打碗花	*C. dahurica*
	肾叶打碗花	*C. soldanella*
	日本打碗花	*C. japonica*
	宽叶打碗花	*C. sepium*
	牵牛花属	*Pharbitis* Choisy.
	圆叶牵牛	*P. purpurea*
	旋花属	*Convolvulus* L.
	银灰旋花	*C. arvensis*
	中国旋花	*C. chenensis*

（续）

序号	中文名称	拉丁名
	菟丝子属	*Cuscuta* L.
	菟丝子	*C. chinensis*
	金灯藤	*C. japonica*
76	紫草科（6/6）	Boraginaceae
	山茄子属	*Brachybotrys* Maxim. Ex Oliv.
	山茄子	*B. paridiformis*
	鹤虱属	*Lappula* Gilib.
	东北鹤虱	*L. rdeowskii*
	紫草属	*Lithospermum* L.
	紫草	*L. erythrorhizon*
	勿忘草属	*Myosotis* L.
	湿地勿忘草	*M. caespitosa*
	聚合草属	*Symphytum* L.
	聚合草	*S. officinalis*
	附地菜属	*Trigonotis* Stev.
	附地菜	*T. pecuncularis*
76	水马齿科（1/1）	Callitrichaceae
	水马齿属	*Callitriche* L.
	沼生水马齿	*C. palustris*
77	唇形科（30/19）	Labiatae
	藿香属	*Agastache* Clayt. et Gronov
	藿香	*A. rugosa*
	筋骨草属	*Ajuga* L.
	多花筋骨草	*A. multiflora*
	水棘针属	*Amethystea* L.
	水棘针	*A. caerulea*
	风轮菜属	*Clinopodium* L.
	风车草	*C. chinense*
	青兰属	*Dracocephalum* L.
	光萼青兰	*D. argunense*
	香薷属	*Elsholtzia* Willd
	香薷	*E. ciliata*
	海洲香薷	*E. pseudo-cristata*
	鼬瓣花属	*Galeopsis* L.
	鼬瓣花	*G. bifida*
	活血丹属	*Glechoma* L.
	活血丹	*G. longituba*
	夏至草属	*Lagopsis* Bunge ex Benth.
	夏至草	*L. supina*

（续）

序号	中文名称	拉丁名
	野芝麻属	*Lamium* L.
	野芝麻	*L. album*
	益母草属	*Leonurus* L.
	细叶益母草	*L. sibiricu*
	大花益母草	*L. macranthus*
	益母草	*L. artemisia*
	地瓜苗属	*Lycopus* L.
	地瓜苗	*L. lucidus*
	龙头草属	*Meehania* Britt. ex Small. et Vall
	荨麻叶龙头草	*M. urticifolia*
	薄荷属	*Mentha* L.
	薄荷	*M. haplocalyx*
	糙苏属	*Phlomis* L.
	大叶糙苏	*P. maximowiczii*
	高山糙苏	*P. koraiensis*
	香茶菜属	*Rabdosia* Her.
	蓝萼香茶菜	*R. japonica*
	毛果香茶菜	*R. serra*
	尾叶香茶菜	*R. excisa*
	夏枯草属	*Scutellaria* L.
	东北夏枯草	*S. asiatica*
	黄芩属	*Scutillaria* L.
	黄芩	*S. baicalensis*
	京黄芩	*S. pekinensis*
	并头黄芩	*S. scofdifolia*
	水苏属	*Stachys* L.
	毛水苏	*S. baicalensis*
	水苏	*S. japonica*
	甘露子	*S. sieboldii*
	百里香属	*Thymus* L.
	百里香	*T. mongolicus*
78	茄科(9/6)	Solanaceae
	曼陀罗属	*Datura* L.
	毛曼陀罗	*D. innoxia*
	羊金花	*D. mitel*
	曼陀罗	*D. stramonium*
	天仙子属	*Hyoscyamus* L.
	天仙子	*H. nige*
	枸杞属	*Lycium* L.

（续）

序号	中文名称	拉丁名
	枸杞	*L. chinense*
	酸浆属	*Physalis* L.
	毛酸浆	*P. pubescens*
	挂金灯	*P. alkekengi*
	茄属	*Solanum* L.
	龙葵	*S. nigrum*
	假酸浆属	*Nicandra* Adans.
	假酸浆	*N. physaloides*
79	玄参科（23/11）	Scrophulariaceae
	地黄属	*Rehmannia* Libosch ex Fish. et C. A. Mey.
	地黄	*R. glutinosa*
	小米草属	*Euphrasia* L.
	芒小米草	*E. maxmowiczii*
	小米草	*E. tatarica*
	柳穿鱼属	*Linaria* Mill.
	柳穿鱼	*L. vulgaris*
	通泉草属	*Mazus* Lour.
	通泉草	*M. japonicus*
	山萝花属	*Melampyrum* L.
	山萝花	*M. roseum*
	狭叶山萝花	*M. setaceum*
	马先蒿属	*Pedicularis* L.
	大野苏子马先蒿	*P. grandifolra*
	返顾马先蒿	*P. resupinata*
	旌节马先蒿	*P. sceptrum-carolinum*
	穗花马先蒿	*P. spicata*
	轮叶马先蒿	*P. verticillata*
	松蒿属	*Phtheirospermum* Bunge.
	松蒿	*P. japonicum*
	玄参属	*Scrophularia* L.
	北玄参	*S. buergeriana*
	阴行草属	*Siphonostegia* Benth.
	阴行草	*S. chinensis*
	婆婆纳属	*Veronica* L.
	水苦荬婆婆纳	*V. anagallis-aquatica*
	石蚕叶婆婆纳	*V. chamaedrys*
	长尾婆婆纳	*V. longifolia*
	蚊母婆婆纳	*V. peregrine*
	细叶婆婆纳	*V. linariifolia*

（续）

序号	中文名称	拉丁名
	腹水草属	*Veronicastrum* Heist. ex Farbic
	轮叶腹水草	*V. sibiricum*
	管花腹水草	*V. tubiflorum*
80	紫葳科（2/2	Bignoniaceae
	梓树属	*Catalpa* L.
	梓树	*C. ovata*
	角蒿属	*Incarvillea* Juss.
	角蒿	*I. sinensis*
81	列当科（4/3）	Orobanchaceae
	草苁蓉属	*Boschniakia* C. A. Mey
	草苁蓉	*B. rossica*
	列当属	*Orobanche* L.
	列当	*O. coeruleacens*
	黄花列当	*O. pycnostachya*
	黄筒花属	*Phacellanthus* Sieb. et Zucc.
	黄筒花	*P. tubiflorus*
82	狸藻科（1/1）	Lentibulariaceac
	狸藻属	*Utricularia* L.
	狸藻	*U. vulgaris*
83	透骨草科（1/1）	Phrymaceae
	透骨草属	*Phryma* L.
	透骨草	*P. leptoxthachya*
84	车前科（3/1）	Plantaginaceae
	车前属	*Plantago* L.
	车前	*P. asiatica*
	平车前	*P. depressa*
	长叶平车前	*P. lanceolata*
85	忍冬科（18/7）	Cprifoliaceae
	六道木属	*Abelia* R. Br.
	二花六道木	*A. biflora*
	北极花属	*Linnaea* Gronov er L.
	北极花	*L. borealis*
	忍冬属	*Lonicera* L.
	忍冬	*L. japonica*
	蓝靛果忍冬	*L. caerulea*
	旱花忍冬	*L. praeflorens*
	单花忍冬	*L. monantha*
	金银忍冬	*L. maackii*
	金花忍冬	*L. chrysantha*

（续）

序号	中文名称	拉丁名
	长白忍冬	*L. ruprechtiana*
	紫花忍冬	*L. maximowiczii*
	毛脉黑忍冬	*L. nigra*
	接骨木属	*Sambucus* L.
	接骨木	*S. williamsii*
	莛子藨属	*Triosteum* L.
	腋花莛子藨	*T. sinuatum*
	荚蒾属	*Viburnum* L.
	修枝荚蒾	*V. burejaeticum*
	鸡树条荚蒾	*V. sargentii*
	朝鲜荚蒾	*V. koreanum*
	锦带花属	*Weigela* Thunb.
	锦带花	*W. florida*
	早锦带花	*W. praeccox*
86	五福花科(1/1)	Adoxaceae
	五福花属	*Adoxa* L.
	五福花	*A. moschatellina*
87	败酱科(5/2)	Valerianaceae
	败酱属	*Patrinia* Juss.
	败酱	*P. scabiosaefolia*
	岩败酱	*P. rupestris*
	白花败酱	*P. villosa*
	缬草属	*Valeriana* L.
	黑水缬草	*V. amurensis*
	缬草	*V. officinalis*
88	川续断科(1/1)	Dipsacaceae
	蓝盆花属	*Scabiosa* L.
	东北蓝盆花	*S. tschiliensis*
89	桔梗科(11/6)	Campanulaceae
	沙参属	*Adenophora* Fisch.
	展枝沙参	*A. divaricata*
	薄叶荠苨	*A. remotiflora*
	轮叶沙参	*A. tetraphylla*
	牧根草属	*Asyneuma* Griseb. et Schenk
	牧根草	*A. japonicum*
	风铃草属	*Campanula* L.
	紫斑风铃草	*C. punctata*
	聚花风铃草	*C. glomerata*
	党参属	*Codonopsis* Wall.

（续）

序号	中文名称	拉丁名
	党参	*C. pilosula*
	羊乳	*C. lanceolata*
	雀斑党参	*C. ussurensis*
	半边莲属	*Lobelia* L.
	山梗菜	*L. sessilifolia*
	桔梗属	*Platycodon* DC.
	桔梗	*P. grandiflorum*
90	菊科（116/15）	Compositae
	蓍属	*Achillea* L.
	齿叶蓍	*A. acuminata*
	高山蓍	*A. alpina*
	猫儿菊属	*Achyrophorus* Adans.
	猫儿菊	*A. ciliatus*
	和尚菜属	*Adenocaulon* Hook.
	腺梗菊	*A. himalaicum*
	牛蒡属	*Arctium* L.
	牛蒡	*A. lappa*
	蒿属	*Artemistia* L.
	黄花蒿	*A. annua*
	青蒿	*A. carvifolia*
	艾蒿	*A. argyi*
	茵陈蒿	*A. capillaries*
	林艾蒿	*A. viridissima*
	宽叶山蒿	*A. stolonifera*
	万年蒿	*A. gmelinli*
	牡蒿	*A. japonica*
	庵闾	*A. keiskeana*
	水蒿	*A. selengensis*
	大籽蒿	*A. sieversiana*
	紫菀属	*Aster* L.
	紫菀	*A. tataricus*
	三脉紫菀	*A. ageratoides*
	苍术属	*Atractylodes* DC.
	关苍术	*A. japonica*
	朝鲜苍术	*A. rkoreana*
	鬼针草属	*Bidens* L.
	柳叶鬼针草	*B. cernua*
	羽叶鬼针草	*B. maxmowiczii*
	小花鬼针草	*B. parviflora*

（续）

序号	中文名称	拉丁名
	狼巴草	*B. tripartita*
	蟹甲草属	*Cacalia* L.
	大叶蟹甲草	*C. firma*
	山尖子	*C. hastate*
	翠菊属	*Callistephus* Cass.
	翠菊	*C. chinensis*
	飞廉属	*Carduus* L.
	丝毛飞廉	*C. crispus*
	天名精属	*Carpesium* L.
	烟管头草	*C. cernuum*
	金挖耳	*C. divaricatum*
	大花金挖耳	*C. macrocephalum*
	蓟属	*Cirsium* Mill.
	刺儿菜	*C. segetum*
	大刺儿菜	*C. setosum*
	野蓟	*C. maackii*
	烟管蓟	*C. pendulum*
	林蓟	*C. schantranse*
	绒背蓟	*C. vlassonianum*
	还阳参属	*Crepis* L.
	屋根草	*C. tectorum*
	菊属	*Dendranthema*（DC.）Des Moul.
	甘菊	*D. lavandulifolium*
	野菊	*D. indicum*
	紫花野菊	*D. zawadskii*
	东风菜属	*Doellingeria* Ness
	东风菜	*D. scaber*
	蓝刺头属	*Echinops* L.
	宽叶蓝刺头	*E. latifolius*
	鳢肠属	*Eclipta* L.
	鳢肠	*E. porstrata*
	飞蓬属	*Eclipta rigeron* L.
	飞蓬	*E. acer*
	一年蓬	*E. annuus*
	山飞蓬	*E. alpicola*
	泽兰属	*Eupatorieae* L.
	泽兰	*E. japonicum*
	林泽兰	*E. lindleyanum*
	牛膝菊属	*Galinsoga* Ruiz. et Pav.

(续)

序号	中文名称	拉丁名
	牛膝菊	*G. parviflora*
	金光菊属	*Rudbeckia* L.
	黑心金光菊	*R. hirta*
	向日葵属	*Helianthus* L.
	菊芋	*H. tuberosus*
	泥胡菜属	*Hemistepta* Bunge
	泥胡菜	*H. lyrata*
	狗哇花属	*Heteropappus* Less.
	阿尔泰狗哇花	*H. altaicus*
	狗哇花	*H. hispidus*
	山柳菊属	*Hieracium* L.
	宽叶山柳菊	*H. coreanum*
	山柳菊	*H. umbellatum*
	旋覆花属	*Inula* L.
	旋覆花	*I. japonica*
	欧亚旋覆花	*I. britannica*
	线叶旋覆花	*I. linariaefolia*
	土木香	*I. helenium*
	柳叶旋覆花	*I. salicina*
	苦荬菜属	*Ixeris* Cass.
	山苦菜	*I. chinensis*
	苦荬菜	*I. denticulata*
	抱茎苦荬菜	*I. sonchifolia*
	马兰属	*Kalimeris* Css.
	全叶马兰	*K. integirfolia*
	山马兰	*K. lautureana*
	裂叶马兰	*K. incesa*
	莴苣属	*Lactuca* L.
	山莴苣	*L. indica*
	毛脉山莴苣	*L. raddeana*
	北山莴苣	*L. sibirica*
	翼柄山莴苣	*L. triangulata*
	大丁草属	*Leibnizia* Cass.
	大丁草	*L. anandria*
	火绒草属	*Leontopodium* R. Br.
	火绒草	*L. leontopodiodes*
	橐吾属	*Ligularia* Cass
	蹄中橐吾	*L. fischeri*
	狭苞橐吾	*L. intermedia*

（续）

序号	中文名称	拉丁名
	复序橐吾	*L. jaluensis*
	母菊属	*Matricaria* L.
	同花母菊	*M. matricarioides*
	蜂斗菜属	*Petasites* Mill.
	长白蜂斗菜	*P. saxatilis*
	毛连菜属	*Picris* L.
	兴安毛连菜	*P. dahurica*
	祁州漏芦属	*Rhaponticum* Ludw.
	祁州漏芦	*R. uniflorum*
	华千里光属	*Sinosenecio* B. Nord
	朝鲜蒲儿根	*S. koreanus*
	风毛菊属	*Saussurea* DC.
	高岭风毛菊	*S. tomentosa*
	草地风毛菊	*S. amara*
	风毛菊	*S. japonica*
	齿叶风毛菊	*S. neoserrata*
	福王草属	*Prenanthes* L.
	福王草	*P. tatarinowii*
	鸦葱属	*Scorzonera* L.
	毛管草	*S. albicaulis*
	东北鸦葱	*S. mandshurica*
	千里光属	*Senecio* L. P. P.
	大花千里光	*S. ambraceus*
	羽叶千里光	*S. argunensis*
	麻叶千里光	*S. cannabifolius*
	黄菀	*S. nemorensis*
	欧洲千里光	*S. vulgaris*
	狗舌草属	*Tephroseris* (Rchb.) Rcbb.
	红轮狗舌草	*T. flammea*
	狗舌草	*T. campestris*
	麻花头属	*Serratula* L.
	钟苞麻花头	*S. cupuliformis*
	伪泥胡菜	*S. coronata*
	光豨莶属	*Siegesbeckia* L.
	光豨莶	*S. glabrescens*
	腺梗豨莶	*S. pubescens*
	松香草属	*Siliphium* L.
	串叶松香草	*S. perfoliatum*
	一枝黄花属	*Solidago* L.

(续)

序号	中文名称	拉丁名
	朝鲜一枝黄花	*S. virgaurea*
	苦苣菜属	*Sonchus* L.
	苣荬菜	*S. brachyotus*
	苦苣菜	*S. oleraceus*
	兔儿伞属	*Syneilesis* Maxim.
	兔儿伞	*S. aconitifolia*
	山牛蒡属	*Synurus* Lljin
	山牛蒡	*S. deltoides*
	蒲公英属	*Taraxacum* Weber.
	蒲公英	*T. mongolicum*
	白花蒲公英	*T. pseudo-albidum*
	东北蒲公英	*T. ohwianum*
	款冬属	*Tussilage* L.
	款冬	*T. farfara*
	三肋果属	*Tripleurospermun* Sch. -Biq.
	三肋果	*T. limosum*
	东北三肋果	*T. tetragonospermum*
	苍耳属	*Xanthium* L.
	苍耳	*X. sibiricum*
91	泽泻科(2/2)	Alismataceae
	泽泻属	*Alisma* L.
	泽泻	*A. orientale*
	慈姑属	*Sagittaria* L.
	野慈姑	*S. trifolia*
92	花蔺科(1/1)	*Butomaceae*
	花蔺属	*Butomus* L.
	花蔺	*Butomus umbelatus*
93	水鳖科(2/2)	*Hydrocharitaceae*
	苦草属	*Vallisnerria* L.
	苦草	*Vallisnerria spiralis*
	水车前属	*Ottelia* Pers.
	水车前	*Ottelia alismoides*
94	眼子菜科(2/1)	*Potamogetonaceae*
	眼子菜属	*Potamogelon* L.
	眼子菜	*P. distinctus*
	菹草	*P. crispus*
95	百合科(56/24)	Liliaceae
	葱属	*Allium* L.
	黄花葱	*A. condensatum*

（续）

序号	中文名称	拉丁名
	薤白	A. macrostemon
	单花葱	A. monanthhum
	茖葱	A. victorialis
	球序韭	A. thunbergii
	山韭	A. senescens
	知母属	Anemarrhena Bunge.
	知母	A. asphodeloides
	天门冬属	Asparagus L.
	龙须菜	A. schoberioides
	南玉带	A. oligoclonos
	七筋菇属	Clintonia Raf.
	七筋菇	C. udensis
	铃兰属	Convallaria L.
	铃兰	C. majalis
	万寿竹属	Disporum Salisb.
	宝珠草	D. viridescens
	金刚草	D. ovale
	猪牙花属	Erythronium L.
	猪牙花	E. japonicum
	贝母属	Fritillaria L.
	平贝母	F. ussuriensis
	顶冰花属	Gagea Salisb.
	小顶冰花	G. hiensis
	朝鲜顶冰花	G. lutea
	三花顶冰花	G. triflora
	萱草属	Hemerocallis L.
	北黄花菜	H. lilio-asphodelus
	小黄花菜	H. minor
	大苞萱草	H. middendorfii
	玉簪属	Hosta Tratt.
	东北玉簪	H. ensata
	百合属	Lilium L.
	毛百合	L. dauricum
	有斑百合	L. concolor
	大花百合	L. megalanthum
	卷丹	L. lancifolium
	朝鲜百合	L. amabile
	大花卷丹	L. leichtlinii
	山丹	L. pumilum

（续）

序号	中文名称	拉丁名
	垂花百合	*L. cernuum*
	东北百合	*L. distichum*
	洼瓣花属	*Lloydia* Salisb.
	洼瓣花	*L. serotina*
	舞鹤草属	*Maianthemum* Web.
	二叶舞鹤草	*M. bifolium*
	舞鹤草	*M. dilatatum*
	重楼属	*Paris* L.
	北重楼	*P. verticillata*
	黄精属	*Polygonatum* Mill.
	五叶黄精	*P. acuminatifolium*
	玉竹	*P. odoratum*
	小玉竹	*P. hemale*
	毛筒玉竹	*P. inflatum*
	二苞黄精	*P. involucratum*
	长苞黄精	*P. desoulavyi*
	黄精	*P. sibiricum*
	狭叶黄精	*P. stenophylum*
	绵枣儿属	*Scilla* L.
	绵枣儿	*S. scilloides*
	鹿药属	*Smilacina* Desf.
	鹿药	*S. japonica*
	兴安鹿药	*S. davurica*
	菝葜属	*Smilax* L.
	牛尾菜	*S. riparia*
	白背牛尾菜	*S. nipponia*
	扭柄花属	*Streptopus* Michx.
	丝梗扭柄花	*S. koreanus*
	岩菖蒲属	*Tofieldia* Huds.
	长白岩菖蒲	*T. coccine*
	延龄草属	*Trilium* L.
	白花延龄草	*T. camschatcense*
	郁金香属	*Tulipa* L.
	山慈姑	*T. edulis*
	藜芦属	*Veratrum* L.
	兴安藜芦	*V. dahuricum*
	藜芦	*V. nigrum*
	毛穗藜芦	*V. maackii*
	尖被藜芦	*V. oxysepalum*

（续）

序号	中文名称	拉丁名
96	薯蓣科（2/1）	Diosareaceae
	薯蓣属	*Dioscorea* L.
	穿龙薯蓣	*D. nipponica*
	薯蓣	*D. opposita*
97	雨久花科（2/1）	Pontederiaceae
	雨久花属	*Monochoria* Preal
	雨久花	*M. korsakowii*
	鸭跖草	*M. vaginalis*
98	鸢尾科（11/2）	Iridaceae
	射干属	*Belamcanda* Adans.
	射干	*B. chinensis*
	鸢尾属	*Iris* L.
	野鸢尾	*I. dichotoma*
	五台山鸢尾	*I. odaesanensis*
	山鸢尾	*I. setosa*
	马蔺	*I. lactea*
	紫苞鸢尾	*I. ruthenica*
	单花鸢尾	*I. uniflora*
	溪荪	*I. sanguinea*
	玉蝉花	*I. ensata*
	燕子花	*I. laevigata*
	长白鸢尾	*I. mandshurica*
99	灯芯草科（1/1）	Juncaceae
	灯心草属	*Juncus* L.
	灯心草	*J. effusus*
100	鸭趾草科（2/2）	Commelinaceae
	鸭趾草属	*Commelina* L.
	鸭趾草	*C. communis*
	水竹叶属	*Murdannia* Royle.
	疣草	*M. keisak*
101	谷精草科（1/1）	Eriocaulaceae
	谷精草属	*Eriocaulon* L.
	谷精草	*E. buergerianum*
102	禾本科（32/24）	Gramineae
	芨芨草属	*Achnatherum* Beauv.
	远东芨芨草	*A. extremiorientale*
	看麦娘属	*Alopecurus* L.
	看麦娘	*A. aequalis*
	荩草属	*Arthraxon* Beauv.

(续)

序号	中文名称	拉丁名
	荩草	*A. hispidus*
	野古草属	*Arundinella* Radai.
	野古草	*A. hirta*
	燕麦属	*Avena* L.
	野燕麦	*A. fatua*
	菵草属	*Beckmannia* Host.
	菵草	*B. syzigachne*
	雀麦属	*Bromus* L.
	无芒雀麦	*B. inermis*
	拂子茅属	*Calamagrostis* Adans.
	小叶章	*C. angustifolia*
	大叶章	*C. langsdrffii*
	虎尾草属	*Chloris* Swartz.
	虎尾草	*C. virgata*
	马唐属	*Digitaria* Hall.
	止血马唐	*D. ischaemum*
	马唐	*D. sangurinalis*
	稗属	*Echinochloa* Beauv.
	野稗	*E. crusgalli*
	穇属	*Eleusine* Gaertn.
	牛筋草	*E. indica*
	披碱草属	*Elymus* L.
	老芒草	*E. sibiricus*
	画眉草属	*Eragrostis* Wolf.
	大画眉草	*E. cilianensis*
	白茅属	*Imperata* Cyr.
	白茅	*I. cylindrica*
	芒属	*Miscanthus* Anderss.
	荻	*M. sacchariflorus*
	梯牧草属	*Phleum* L.
	高山梯牧草	*P. alpinum*
	梯牧草	*P. pratense*
	芦苇属	*Phragmites* Trin.
	芦苇	*P. australis*
	蔄草属	*Phalaris* L.
	蔄草	*P. arundinacea*
	早熟禾属	*Poa* L.
	林地早熟禾	*P. nemoralis*
	草地早熟禾	*P. pratensis*

（续）

序号	中文名称	拉丁名
	普通早熟禾	*P. trivialis*
	鹅观草属	*Roegneria* C. Koch
	纤毛鹅观草	*R. ciliaris*
	鹅观草	*R. kamoji*
	狗尾草属	*Setaria* Beauv.
	金狗尾草	*S. glauca*
	狗尾草	*S. viridis*
	大油芒属	*Spodiopogon* Trin.
	大油芒	*S. sibirlcus*
	菰属	*Zizania* L.
	菰	*Z. latifolia*
103	天南星科(8/5)	Araceae
	菖蒲属	*Acorus* L.
	菖蒲	*A. calamus*
	天南星属	*Arisaema* Mart.
	天南星	*A. heterophyllum*
	东北天南星	*A. amurense*
	朝鲜天南星	*A. peninsulae*
	水芋属	*Calla* L.
	水芋	*C. palustris*
	臭菘属	*Symplocarpus* Saliab.
	臭菘	*S. foetidus*
	日本臭菘	*S. nipponicus*
	半夏属	*Pinelia* Tenore.
	半夏	*P. ternata*
104	浮萍科(2/2)	Lemnaceae
	浮萍属	*Lemna* L.
	浮萍	*L. minor*
	紫萍属	*Spirodela* Schleid.
	紫萍	*S. polyrhiza*
105	黑三棱科(3/1)	Sparganiaceae
	黑三棱属	*Sparganium* L.
	小黑三棱	*S. emersum*
	黑三棱	*S. coreanum*
	密序黑三棱	*S. golmeratum*
106	香蒲科(3/1)	Typhaceae
	香蒲属	*Typha* L.
	小香蒲	*T. minima*
	宽叶香蒲	*T. latifolia*

（续）

序号	中文名称	拉丁名
	狭叶香蒲	*T. angustifolia*
107	莎草科（10/5）	Cyperaceae
	水蜈蚣属	*Kyllinga* Rottb.
	水蜈蚣	*K. bvevifolia*
	荸荠属	*Eleocharis* R. Br.
	槽秆荸荠	*E. equioaetiformis*
	苔草属	*Carex* L.
	弓嘴苔草	*C. capricornis*
	尖嘴苔草	*C. leiorhyncha*
	乌拉草	*C. meyeriana*
	宽叶苔草	*C. siderosticta*
	羊胡子草属	*Eriophorum* L.
	细秆羊胡子草	*E. gracile*
	东方羊胡子草	*E. polystachion*
	藨草属	*Scirpus* L.
	水葱	*S. tabernaemontano*
	东方藨草	*S. orientalis*
108	兰科（21/16）	Orchidaceae
	布袋兰属	*Calypso* salisb.
	布袋兰	*C. bulbosa*
	凹舌兰属	*Coeloglossum* L.
	凹舌兰	*C. viride*
	杓兰属	*Cypripedium* L.
	紫点杓兰	*C. guttatum*
	大花杓兰	*C. macranthum*
	山西杓兰	*C. shanxiense*
	杓兰	*C. calceolus*
	火烧兰属	Epipactis
	细毛火烧兰	*E. papillosa*
	斑叶兰属	*Goodyera* R. Br.
	小斑叶兰	*G. repens*
	手参属	*Gymnadenia* R. Br.
	手掌参	*G. conopsea*
	玉凤花属	*Habenaria* Willd.
	十字兰	*H. sagittifera*
	舌唇兰属	*Platanthera* L. C. Rcih
	大叶长距兰	*P. chlorantha*
	密花舌唇兰	*P. hologlottis*
	羊耳蒜属	*Liparis* L. C. Rcih

（续）

序号	中文名称	拉丁名
	羊耳蒜	*L. japonica*
	对叶兰属	*Listera* R. Br.
	大二叶兰	*L . major*
	沼兰属	*Malaxis* Soland ex Sw.
	小柱兰	*M. monophyllos*
	鸟巢兰属	*Neottia* Guett.
	小燕巢兰	*N. asiatica*
	大燕巢兰	*N. platanthera*
	山兰属	*Oreorchis* Lindl.
	山兰	*O. patens*
	蜻蜓兰属	*Tulotis* Raf.
	小花蜻蜓兰	*T. usuriensis*
	绶草属	*Spiranthes* L. C. Rcih
	绶草	*S. sinensis*
	天麻属	*Gastrodia*
	天麻	*G. elata*

①科后括号内的数字表示本科内的种数/属数。

附录4：图们江源头区域鸟类和兽类名录

名称(中文名和拉丁名)	保护级别[①]	分布范围[②]
鸟类		
䴙䴘目 PODICIPEDIFORMES		
䴙䴘科 Podicipedidae		
小䴙䴘 *Tachybaptus ruficollis*		W
雁形目 ANSERIFORMES		
鸭科 Anatidae		
鸳鸯 *Aix galericulata*	II	E
隼形目 FALCONIFORMES		
鹰科 Accipitridae		
鸢 *Milvus migrans*	II CII	U
苍鹰 *Accipiter gentiles*	II CII	C
雀鹰 *A. nisus*	II CII	U
松雀鹰 *Aviceda virgatus*	II CII	W
普通鵟 *Buteo buteo*	II CII	U
大鵟 *B. hemilasius*	II CII	D
毛脚鵟 *B. lagopus*	II CII	C
白尾鹞 *Circus cyaneus*	II CII	C
隼科 Falconidae		
红脚隼 *Falco vespertinus*	II CII	U
红隼 *F. tinnunculus*	II CII	O_1
猎隼 *F. cherrug*	II CII	C
鸡形目 GALLIFORMES		
雉科 Phasianidae		
环颈雉 *Phasianus colchicus*		O_7
斑翅山鹑 *Perdix dauuricae*		D
鹌鹑 *Coturnix coturnix*		O_1
松鸡科 Tetraonidae		
花尾榛鸡 *Tetrastes bonasia*	II	D
鸻形目 CHARADRIIFORMES		
鸻科 Charadriidae		
金眶鸻 *Charadrius dubius*		O
鹬科 Scolopacidae		
丘鹬 *Scolopax rusticola*		U
矶鹬 *Actitis hypoleucos*		C
鸽形目 COLUMBIFORMES		

（续）

名称（中文名和拉丁名）	保护级别	分布范围
鸠鸽科 Columbidae		
山斑鸠 *Streptopelia orientalis*		E
灰斑鸠 *S. decaocto*		W
珠颈斑鸠 *S. chinensis*		W
岩鸽 *Columba rupestris*		O$_3$
鹃形目 CUCULIFORMES		
杜鹃科 Cuculidae		
四声杜鹃 *Cuculus micropterus*		W
大杜鹃 *C. canorus*		O$_1$
鸮形目 STRIGIFORMES		
鸱鸮科 Strigidae		
雕鸮 *Bubo bubo*	II CII	U
红角鸮 *Otus scops*	II CII	O$_1$
领角鸮 *O. bakkamoena*	II CII	W
长耳鸮 *Asio otus*	II CII	C
纵纹腹小鸮 *Athene noctua*	II CII	U
长尾林鸮 *Strix uralensis*	II CII	U
夜鹰目 CAPRIMULGIFORMES		
夜鹰科 Caprimulgidae		
普通夜鹰 *Caprimulgus indicus*		W
雨燕目 APODIFORMES		
雨燕科 Apodidae		
楼燕 *Apus apus*		O$_1$
白腰雨燕 *A. pacificus*		M
佛法僧目 CORACIIFORMES		
翠鸟科 Alcedinidae		
冠鱼狗 *Ceryle lugubris*		O$_1$
普通翠鸟 *Alcedo atthis*		O$_1$
蓝翡翠 *Halcyon pileata*		W
戴胜科 Upupidae		
戴胜 *Upupa epops*		O$_1$
䴕形目 PICIFORMES		
啄木鸟科 Picidae		
蚁䴕 *Jynx torquilla*		U
大斑啄木鸟 *Dendrocopos major*		U
星头啄木鸟 *D. canicapillus*		W
小斑啄木鸟 *D. minor*		U
白背啄木鸟 *D. leucotos*		U
灰头绿啄木鸟 *Picus canus*		U

（续）

名称（中文名和拉丁名）	保护级别	分布范围
雀形目 PASSERIFORMES		
百灵科 Alaudidae		
蒙古百灵 *Melanocorypha mongolica*		D
云雀 *Alauda arvensis*		U
燕科 Hirundinidae		
金腰燕 *Hirundo daurica*		O_1
家燕 *H. rustica*		C
鹡鸰科 Motacillidae		
山鹡鸰 *Dendronanthus indicus*		M
黄鹡鸰 *Motacilla flava*		U
灰鹡鸰 *M. cinerea*		O_1
白鹡鸰 *M. alba*		O_1
田鹨 *A. novaeseelandiae*		M
树鹨 *A. hodgsoni*		U
山椒鸟科 Campephagidae		
长尾山椒鸟 *P. ethologus*		H
伯劳科 Laniidae		
灰伯劳 *Lanius excubitor*		H
牛头伯劳 *L. bucephalus*	H	X
红尾伯劳 *L. cristatus*		X
黄鹂科 Oriolidae		
黑枕黄鹂 *Oriolus chinensis*		W
卷尾科 Dicruridae		
黑卷尾 *Dicrurus macrocercus*		W
椋鸟科 Sturnidae		
北椋鸟 *Sturnus cineraceus*		X
灰椋鸟 *S. cineraceus*		X
鸦科 Corvidae		
松鸦 *Garrulus glandarius*		U
喜鹊 *Pica pica*		C
灰喜鹊 *Cyanopica cyana*		U
红嘴蓝鹊 *U. erythrorhyncha*		W
星鸦 *Nurifraga caryocatactes*		E
达乌里寒鸦 *Corvus dauurica*		U
小嘴乌鸦 *C orvus corone*		E
大嘴乌鸦 *C. macrorhynchos*		C
河乌科 Cinclidae		
褐河乌 *Cinclus pallasii*		E
鹪鹩科 Troglodytidae		

（续）

名称（中文名和拉丁名）	保护级别	分布范围
鹪鹩 *Troglodytes troglodytes*		C
岩鹨科 Prunellidae		
棕眉山岩鹨 *P. montanelle*		M
鸫科 Turdidae		
红胁蓝尾鸲 *Tarsiger cyanurus*		M
蓝歌鸲 *Luscinia cyane*		M
红点颏 *L. calliope*		U
蓝点颏 *L. svecica*		U
赭红尾鸲 *Phoenicurus ochruros*		O_3
北红尾鸲 *P. auroreus*		M
红尾水鸲 *R. fuliginosus*		W
蓝头矶鸫 *M. cinclorhynchus*		M
蓝矶鸫 *M. solitarius*		O_3
紫啸鸫 *Myiophoneus caeruleus*		W
虎斑地鸫 *Zoothera dauma*		U
白眉地鸫 *Z. sibirica*		M
斑鸫 *Turdus naumanni*		M
赤颈鸫 *T. ruficollis*		O
灰背鸫 *T. hortulorum*		M
黑喉石䳭 *Saxicola torquata*		O_1
画眉科 Timaliidae		
山鹛 *Rhopophilus pekinensis*	E	D
棕头鸦雀 *P. webhianics*		S
莺科 Sylviidae		
大苇莺 *Acrocephalus orientalis*		O_5
厚嘴苇莺 *A. aedon*		U
稻田苇莺 *A. agricola*		O_3
鳞头树莺 *Cettia squameiceps*		K
芦莺 *Phragamaticola aedon*		M
褐柳莺 *Phylloscopus fuscatus*		M
棕眉柳莺 *P. armandii*		H
黄眉柳莺 *P. inornatus*		U
黄腰柳莺 *P. proregulus*		U
极北柳莺 *P. borealis*		U
暗绿柳莺 *P. trochiloides*		U
冕柳莺 *P. coronatus*		M
冠纹柳莺 *P. reguloides*		W
双斑绿柳莺 *P. plumbeitarsus*		U
鹟科 Muscicapidae		

(续)

名称（中文名和拉丁名）	保护级别	分布范围
红喉鹟 *Ficedula parva*		U
乌鹟 *Muscicapa sibirica*		M
灰斑鹟 *M. griseisticta*		M
北灰鹟 *M. latirostris*		M
白眉姬鹟 *Ficedula zanthopygia*		M
黄眉姬鹟 *F. narcissina*		B
寿带 *Terpsiphone paradisi*		W
山雀科 Paridae		
大山雀 *Parus major*		U
沼泽山雀 *P. palustris*		U
煤山雀 *P. ater*		U
褐头山雀 *P. montanus*		C
黄腹山雀 *P. venustulus*		S
银喉长尾山雀 *A. caudatus*		U
绣眼鸟科 Zosteropidae		
暗绿绣眼 *Zosterops japonica*		S
红胁绣眼 *Z. erythropleura*		M
鸤科 Sittidae		
黑头鸤 *Sitta villosa*	E	U
普通鸤 *S. europaea*		C
文鸟科 Ploceidae		
［树］麻雀 *Passer montanus*		U
雀科 Fringillidae		
燕雀 *Fringilla montifringilla*		U
金翅雀 *Carduelis sinica*		M
白腰朱顶雀 *Carduelis flammea*		C
普通朱雀 *Carpodacus erythrinus*		U
红眉朱雀 *C. pulcherrimus*		H
北朱雀 *C. roseus*		M
黑头蜡嘴雀 *Eophona personata*		K
黄喉鹀 *Emberiza elegans*		M
灰头鹀 *E. spodocephala*		M
灰眉岩鹀 *E. cia*		O_3
三道眉草鹀 *E. cioides*		M
栗鹀 *E. rutila*		M
田鹀 *E. rustica*		U
白眉鹀 *E. tristrami*		M
小鹀 *E. pusilla*		U
黄眉鹀 *E. chrysophrys*		M

（续）

名称（中文名和拉丁名）	保护级别	分布范围
黄胸鹀 *E. aureola*		U
铁爪鹀 *Calcarius lapponicus*		C

兽类

食虫目 INSECTIVORA

猬科 Erinaceidae

达乌尔刺猬 *Mesechinus dauuricus* — G

翼手目 CHIROPTERA

蝙蝠科 Vespertilionidae

普通伏翼 *Pipistrellus savii* — E

兔形目 LAGOMORPHA

兔科 Leporidae

草兔 *Lepus capensis* — O

啮齿目 RODENTIA

鼠科 Muridae

褐家鼠 *Rattus norvegicus* — U

小家鼠 *Mus musculus* — U

黑线姬鼠 *Apodemus agrarius* — U

偶蹄目 ARTIODACTYLA

猪科 Suidae

野猪 *Sus scrofa* — U

鹿科 Cervidae

马鹿 *Cervus elaphus* — II — C

狍子 *Capreolus pygargus* — U

食肉目 CARNIVORA

犬科 Canidae

赤狐 *Vulpes vulpes* — C

鼬科 Mustelidae

黄鼬 *Mustela sibirica* — U

猪獾 *Arctonyx collaris* — W

猫科 Felidae

豹猫 *Felis bengalensis* — CII — W

熊科 Ursidae

黑熊 *Ursus thibetanus* — II CI — E

棕熊 *U. arctos* — II CI — C

注：①保护级别：Ⅰ为国家Ⅰ级重点保护野生动物，Ⅱ为国家Ⅱ级重点保护野生动物，H为《中国濒危动物红皮书》收录的动物，E为中国特有动物，CⅠ为《濒危野生动植物种国际贸易公约》附录Ⅰ收录物种，CⅡ为《濒危野生动植物种国际贸易公约》附录Ⅱ收录物种。

②物种区系分布型依张荣祖的《中国动物地理》。

附录5：图们江源头区域植被类型名录

——针叶林

Ⅰ. 寒温性针叶林

（寒温性落叶针叶林）

一、落叶松林

　1. 长白落叶松林（Form. *Larix olgensis*）

（寒温性常绿针叶林）

二、云杉、冷杉林

　2. 臭冷杉林（Form. *Abie snepholepis*）

　3. 鱼鳞云杉、臭冷杉林（Form. *Picea jezoensis*，*Abies nephrolepis*）

Ⅱ. 温性针阔叶混交林

三、红松针阔叶混交林

　4. 红松、鱼鳞云杉、红皮云杉、臭冷杉林（Form. *Pinus koraiensis*，*Picea jezoensis*，*Picea koraiensis*，*Abies nephrolepis*）

　5. 红松、紫椴、风桦林（Form. *Pinus koraiensis*，*Tilia amurensis*，*Betula costata*）

——阔叶林

Ⅲ. 落叶阔叶林

（典型落叶阔叶林）

四、栎林

　6. 蒙古栎林（Form. *Quercus mongolica*）

五、落叶阔叶杂木林

　7. 五角枫、紫椴、糠椴林（Form. *Acer mono*，*Tilia amurensis*，*Tilia. mandshurica*）

　8. 春榆、水曲柳林（Form. *Ulmus propmqua*，*Fraxinuus mandshurica*）

（山地杨桦林）

六、山杨林

　9. 山杨林（Form. *Populua davidiana*）

七、桦木林

　10. 白桦林（Form. *Botula platyphylla*）

——沼泽植被

Ⅳ. 森林沼泽

（针叶沼泽林）

八、落叶松

11. 长白落叶松沼泽（Form. *Larix olgensis*）

Ⅴ. 灌丛沼泽

九、桦灌丛沼泽

12. 油桦—苔草沼泽(Form. *Betula ovalffolia-Carex* sp.)

13. 小叶杜鹃、油桦沼泽(Form. *Rhododendro parvmpllum-Betula ovaldella*)

Ⅵ. 草丛沼泽

(莎草沼泽)

十、苔草沼泽

14. 乌拉草苔草沼泽(Form. *Carex mexerlana*)

15. 灰脉苔草沼泽(Form. *Farex appendlculata*)

16. 修氏苔草沼泽(Form. *Carex schmidt*)

(禾草沼泽)

十一、芦苇沼泽

17. 芦苇沼泽(Form. *Phragmites australis*)

(杂草类沼泽)

十二、香蒲沼泽

18. 香蒲沼泽(Form. *Typha orintalis*)

附录6：图们江源头区域大型真菌名录

子囊菌门 Ascomycota
座囊菌纲 Dothideomycetes
假球壳目 Pleosporales
黑星菌科 Venturiaceae
刺垫菌 *Acantharia aterrima*（Cooke & G. Winter）Arx.

锤舌菌纲 Leotiomycetes
柔膜菌目 Helotiales
晶杯菌科 Hyaloscyphaceae
小红白毛杯菌 *Lachnellula occidentalis*（G. G. Hahn & Ayers）Dharne
梭孢长生盘菌 *L. subtilissima*（Cooke）Dennis.
地舌菌科 Geoglossaceae
假地舌菌 *Geoglossum fallax* E. J. Durand
紫棒囊菌 *Ascocoryne cylichnium*（Tul.）Korf
硫色小双孢盘菌 *Bisporella sulfurina*（Qul.）S. E. Carp.
绿杯菌 *Chlorociboria aeruginosa*（Oeder）Seaver ex C. S. Ramamurthi

锤舌菌目 Leotiales
锤舌菌科 Leotiaceae
锤舌菌 *Leotia lubrica*（Scop.）Pers.

斑痣盘菌目 Rhytismatales
地锤菌科 Cudoniaceae
日本地锤菌 *Cudonia japonica* Yasuda.
黄地勺菌 *Spathularia flavida* Pers.

粪壳菌纲 Sordariomycetes
肉座菌目 Hypocreales
虫草科 Cordycipitaceae
加拿大虫草 *Cordyceps canadensis* Ellis & Everh.
头状虫草 *C. capitata*（Holmsk.）Link
蛹虫草 *C. militaris*（L.）Link
肉座菌科 Hypocreaceae
地衣状类肉座菌 *Hypocreopsis lichenoides*（Tode）Seaver
金孢寄生菌 *H. chrysospermus* Tul. & C. Tul.
绿毡座菌 *Hypomyces tulasneanus* Plowr.

炭角菌目 Xylariales

炭角菌科 Xylariaceae

炭球菌 *Daldinia concentrica*（Bolton）Ces. & De Not.

鹿角菌 *Xylaria hypoxylon*（L.）Grev.

盘菌纲 Pezizomycetes

盘菌目 Pezizales

平盘菌科 Discinaceae

涂氏腔块菌 *Hydnotrya tulasnei*（Berk.）Berk. & Broome

马鞍菌科 Helvellaceae

粗柄马鞍菌 *Helvella macropus*（Pers.）P. Karst.

盘菌科 Pezizaceae

茎盘菌 *Peziza ampliata* Pers.

火丝盘菌科 Pyronemataceae

半球盾盘菌 *Humaria hemisphaerica*（F. H. Wigg.）Fuckel

红毛盘菌 *Scutellinia scutellata*（L.）Lambotte.

肉杯菌科 Sarcoscyphaceae

小红白毛杯菌 *Sarcoscypha occidentalis*（Schwein.）Sacc.

小红白毛杯菌黄色变型 *S. occidentalis* f. citrina W. Y. Zhuang

肉盘菌科 Sarcosomataceae

黑龙江盖尔盘菌 *Galiella amurensis*（Lj. N. Vassiljeva）Raitv.

担子菌门 Basidiomycota

伞菌纲 Agaricomycetes

伞菌目 Agaricales

伞菌科 Agaricaceae

蘑菇 *Agaricus campestris* L.

雀斑蘑菇 *A. micromegalus* Berk.

头状秃马勃 *Calvatia craniiformis*（Schwein.）Fr.

黄盖囊皮菌 *Cystoderma amianthinum*（Scop.）Fayod.

朱红小囊皮菌 *Cystodermella cinnabarina*（Alb. & Schwein.）Harmaja.

疣盖小囊皮菌 *C. granulosa*（Batsch）Harmaja.

细环柄菇 *Lepiota clypeolaria*（Bull.）P. Kumm.

天鹅色环柄菇 *Leucocoprinus cygneus*（J. E. Lange）Bon.

褐皮马勃 *Lycoperdon fuscum* Huds.

小柄马勃 *L. pedicellatum* Batsch

网纹马勃 *L. perlatum* Pers.

梨形马勃 *L. pyriforme* Schaeff.

鹅膏科 Amanitaceae

赤褐鹅膏菌 *Amanita fulva*（Schaeff.）Fr.

黄白鹅膏菌 *A. gemmata*（Fr.）Bertill.

鹅膏 *A. muscaria*（L.）Lam.

毒蝇鹅膏菌黄色变种 *A. muscaria* var. formosa（Pers.）Bertill.

豹斑鹅膏菌 *A. pantherina*（DC.）Krombh.

褐云斑鹅膏 *A. porphyria* Alb. & Schwein.

赭盖鹅膏菌 *A. rubescens* Pers.

芥黄鹅膏菌 *A. subjunquillea* S. Imai.

灰鹅膏菌 *A. vaginata*（Bull.）Lam.

鳞柄白鹅膏菌 *A. virosa*（Fr.）Bertill.

粪锈伞科 Bolbitiaceae

柔弱锥盖伞 *Conocybe tenera*（Schaeff.）Fayod.

丝膜菌科 Cortinariaceae

白紫丝膜菌 *Cortinarius alboviolaceus*（Pers.）Fr.

烟灰褐丝膜菌 *C. anomalus*（Pers.）Fr.

哈斯丝膜菌 *C. calochrous* var. haasii（M. M. Moser）Brandrud

皱盖丝膜菌 *C. caperatus*（Pers.）Fr.

蓝丝膜菌 *C. codonius* Rob. Henry

粘腿丝膜菌 *C. collinitus*（Pers.）Fr.

镉黄丝膜菌 *C. croceicolor* Kauffman

半被毛丝膜菌 *C. hemitrichus*（Pers.）Fr.

米黄丝膜菌 *C. multiformis*（Fr.）Fr.

蒿色丝膜菌 *C. olivaceostramineus* Kauffman.

奥德丝膜菌 *C. orellanus* Fr.

鳞丝膜菌 *C. pholideus*（Fr.）Fr.

细鳞丝膜菌 *C. rubellus* Cooke.

粉褶菌科 Entolomataceae

晶盖粉褶菌 *Entoloma clypeatum*（L.）P. Kumm.

臭粉褶菌 *E. rhodopolium*（Fr.）P. Kumm.

锥盖粉褶菌 *E. turbidum*（Fr.）Qul.

蓝紫粉褶菌 *E. violaceum* Murrill.

黑粉褶菌 *E. ater*（Hongo）Hongo&Izawa.

小鳞粉褶菌 *E. pulchellus*（Hongo）T. H. Li & Ch. H. Li.

洁灰红盖菇 *Rhodocybe popinalis*（Fr.）Singer.

铆钉菇科 Gomphidiaceae

斑点铆钉菇 *Gomphidius maculatus*（Scop.）Fr.

红铆钉菇 *G. roseus*（Fr.）Fr.

轴腹菌科 Hydnangiaceae

紫蜡蘑 *Laccaria amethystina* Cooke.

双色蜡蘑 *L. bicolor*（Maire）P. D. Orton，

红蜡蘑 *L. laccata*（Scop.）Cooke.

条柄蜡蘑 *L. proxima*（Boud.）Pat.

酒色蜡蘑 *L. vinaceoavellanea* Hongo.

蜡伞科 Hygrophoraceae

棒柄瓶杯伞 *Ampulloclitocybe clavipes*（Pers.）Redhead. Lutzoni. Moncalvo & Vilgalys.

洁白湿伞 *Hygrocybe virginea*（Wulfen）P. D. Orton & Watling.

金黄拟蜡伞 *Hygrophoropsis aurantiaca*（Wulfen）Maire.

粉肉色蜡伞 *Hygrophorus fagi* G. Becker & Bon.

柠檬黄蜡伞 *H. lucorum* Kalchbr.

橄榄白蜡伞 *H. olivaceoalbus*（Fr.）Fr.

佩尔松蜡伞 *H. persoonii* Arnolds.

单色蜡伞 *H. unicolor* Grger.

丝盖伞科 Inocybaceae

平盖靴耳 *Crepidotus applanatus*（Pers.）P. Kumm.

粘靴耳 *C. badiof loccosus* S. Imai.

肾形靴耳 *C. nephrodes*（Berk. & M. A. Curtis）Sacc.

多变靴耳 *C. variabilis*（Pers.）P. Kumm.

刺毛暗皮伞 *Flammulaster erinaceellus*（Peck）Watling.

小黄丝盖伞 *Inocybe auricoma*（Batsch）J. E. Lange.

亚黄丝盖伞 *Inocybe cookei* Bres.

黄褐丝盖伞 *Inocybe flavobrunnea* Y. C. Wang.

污白丝盖伞 *I. geophylla*（Fr.）P. Kumm.

淡紫丝盖伞 *I. geophylla* var. Lilacina Gillet.

土黄丝盖伞 *I. godeyi* Gillet.

暗毛丝盖伞 *I. lacera*（Fr.）P. Kumm.

斑纹丝盖伞 *I. maculata* Boud.

疏忽丝盖伞 *I. praetervisa* Qul.

裂丝盖伞 *I. rimosa*（Bull.）P. Kumm.

粗糙假脐菇 *Tubaria conf ragosa*（Fr.）Harmaja.

离褶伞科 Lyophyllaceae

星孢寄生菇 *Asterophora lycoperdoides*（Bull.）Ditmar.

银白离褶伞 *Lyophyllum connatum*（Schumach.）Singer.

褐离褶伞 *L. fumosum*（Pers.）P. D. Orton.

小皮伞科 Marasmiaceae

小孢菌 *Baeospora myosura*（Fr.）Singer.

紫褶小孢菌 *Baeospora myriadophylla*（Peck）Singer.

毛皮伞 *Crinipellis scabella*（Alb. & Schwein.）Murrill.

堆裸伞 *Gymnopus acervatus*（Fr.）Murrill.

绒柄裸伞 *G. conf luens*（Pers.）Antonn.

栎裸伞 *G. dryophilus*（Bull.）Murrill.

红柄裸伞 *G. erythropus*（Pers.）Antonn. Halling & Noordel.

梭柄裸伞 *G. fusip es*（Bull.）Gray.

盾状裸伞 *G. peronatus*（Bolton）Antonn.

栗绒巨囊伞 *Macrocystidia cucumis*（Pers.）Joss.

安络小皮伞 *Marasmius androsaceus*（L.）Fr.

橙黄小皮伞 *M. aurantiacus*（Murrill）Singer.

红绒小皮伞 *M. cohaerens*（Alb. & Schwein.）Cooke & Qul.

丝盖小皮伞 *M. cohortalis* Berk.

马鬃小皮伞 *M. crinis equi* F. Muell. ex Kalchbr.

草生小皮伞 *Marasmius graminum*（Lib.）Berk.

大盖小皮伞 *M. maximus* Hongo.

硬柄小皮伞 *M. oreades*（Bolton）Fr.

褐红小皮伞 *M. pulcherripes* Peck.

琥珀小皮伞 *M. siccus*（Schwein.）Fr.

蒜头状微菇 *Mycetinis scorodonius*（Fr.）A. W. Wilson.

贝形圆孢侧耳 *Pleurocybella porrigens*（Pers.）Singer.

乳酪粉金钱菌 *Rhodocollybia butyracea*（Bull.）Lennox.

斑粉金钱菌 *R. maculata*（Alb. & Schwein.）Singer.

小菇科 Mycenaceae

沟纹小菇 *Mycena abramsii*（Murrill）Murrill.

香小菇 *M. adonis*（Bull.）Gray.

褐小菇 *M. alcalina*（Fr.）P. Kumm.

紫萁小菇 *M. alphitophora*（Berk.）Sacc.

黄柄小菇 *M. epipterygia*（Scop.）Gray.

纤柄小菇 *M. filopes*（Bull.）P. Kumm.

盔盖小菇 *M. galericulata*（Scop.）Gray.

红汁小菇 *M. haematopus*（Pers.）P. Kumm.

全紫小菇 *M. holoporphyra*（Berk. & M. A. Curtis）Singer.

下弯小菇 *M. inclinata*（Fr.）Qul.

铅灰小菇 *M. leptocephala*（Pers.）Gillet.

微细小菇 *M. minutula* Peck.

沟柄小菇 *M. polygramma*（Bull.）Gray.

洁小菇 *M. pura*（Pers.）P. Kumm.

红褐盖小菇 *M. sanguinolenta*（Alb. & Schwein.）P. Kumm.

普通小菇 *M. vulgaris*（Pers.）P. Kumm.

鳞皮扇菇 *Panellus stipticus*（Bull.）P. Karst.

黏柄小菇 *Roridomyces roridus*（Scop.）Rexer.

黄干脐菇 *Xeromphalina camp anella*（Batsch）Maire.

彩丽小菇 *X. picta*（Fr.）A. H. Sm.

皱盖干脐菇 *X. tenuipes*（Schwein.）A. H. Sm.

泡头菌科 Physalacriaceae

蜜环菌 *Armillaria mellea*（Vahl）P. Kumm.

奥氏蜜环菌 *A. ostoyae*（Romagn.）Herink.

褐褶边小奥德蘑 *Oudemansiella brunneomarginata* Lj. N. Vassiljeva.

侧耳科 Pleurotaceae

肾形亚侧耳 *Hohenbuehelia renif ormis*（G. Mey.）Singer.

糙皮侧耳 *Pleurotus ostreatus*（Jacq.）P. Kumm.

肺形侧耳 *P. pulmonarius*（Fr.）Qul.

光柄菇科 Pluteaceae

灰光柄菇 *Pluteus cervinus*（Schaeff.）P. Kumm.

金褐光柄菇 *P. chrysophaeus*（Schaeff.）Qul.

狮黄光柄菇 *P. leoninus*（Schaeff.）P. Kumm.

矮光柄菇 *P. nanus*（Pers.）P. Kumm.

脆柄菇科 Psathyrellaceae

费赖斯拟鬼伞 *Coprinopsis f riesii*（Qul.）P. Karst.

白黄小脆柄菇 *Psathyrella candolleana*（Fr.）Maire.

赭褐脆柄菇 *P. pennata*（Fr.）A. Pearson & Dennis.

丸形小脆柄菇 *P. piluliformis*（Bull.）P. D. Orton.

球盖菇科 Strophariaceae

田头菇 *Agrocybe praecox*（Pers.）Fayod.

黄褐盔孢伞 *Galerina helvoliceps*（Berk. & M. A. Curtis）Singer.

异囊盔孢伞 *G. heterocystis*（G. F. Atk.）A. H. Sm. & Singer.

苔藓盔孢伞 *G. hyp norum*（Schrank）Khner.

纹缘盔孢伞 *G. marginata*（Batsch）Khner.

条盖盔孢伞 *G. sulciceps*（Berk.）Singer.

条缘裸伞 *G. liquiritiae*（Pers.）P. Karst.

大孢滑锈伞 *Hebeloma sacchariolens* Qul.

芥味滑锈伞 *H. sinapizans*（Fr.）Sacc.

赭顶滑锈伞 *H. testaceum*（Batsch）Qul.

烟色垂幕菇 *H. capnoides*（Fr.）P. Kumm.

亚砖红垂幕菇 *H. sublateritium*（Schaeff.）Qul.

毛柄库恩菇 *Kuehneromyces mutabilis*（Schaeff.）Singer & A. H. Sm.

金毛鳞伞 *Pholiota aurivella*（Batsch）P. Kumm.

黄鳞伞 *P. flammans*（Batsch）P. Kumm.

粘皮鳞伞 *P. lubrica*（Pers.）Singer.

黄褐鳞伞 *P. spumosa*（Fr.）Singer.

粪生光盖伞 *Psilocybe coprophila*（Bull.）P. Kumm.

口蘑科 Tricholomataceae

黄褐色孢菌 *Callistosporium luteoolivaceum*（Berk. & Curtis）Singer.

变白杯伞 *Clitocybe candicans*（Pers.）P. Kumm.

芳香杯伞 *C. f ragrans*（With.）P. Kumm.

深凹杯伞 *C. gibba*（Pers.）P. Kumm.

杯伞 *C. infundibulif ormis*（Schaeff.）Qul.

寄生金钱菌 *Collybia cirrhata*（Schumach.）Qul.

具核金钱菌 *C. cookei*（Bres.）J. D.

新梭柄金钱菌 *C. neofusipes* Hongo.

黄白香蘑 *Lepista flaccida*（Sowerby）Pat.

紫丁香蘑 *L. nuda*（Bull.）Cooke.

灰假杯伞 *Pseudoclitocybe cyathiformis*（Bull.）Singer.

蜂斗叶杵瑚菌 *Pistillaria petasitis* S. Imai.

木耳目 Auriculariales

木耳科 Auriculariaceae

木耳 *Auricularia auricular judae*（Bull.）Qul.

遁形木耳 *A. peltata* Lloyd.

毛木耳 *A. polytricha*（Mont.）Sacc.

黑胶耳 *Exidia glandulosa*（Bull.）Fr.

短黑耳 *E. recisa*（Ditmar）Fr.

虎掌刺银耳 *Pseudohydnum gelatinosum*（Scop.）P. Karst.

牛肝菌目 Boletales

牛肝菌科 Boletinellaceae

褶孔短孢牛肝菌 *Boletinellus merulioides*（Schwein.）Murrill.

美味牛肝菌 *Boletus edulis* Bull.

红柄牛肝菌 *B. erythropus* Pers.

泽生牛肝菌 *B. paluster* Peck.

华美牛肝菌 *B. speciosus* Frost.

细绒牛肝菌 *B. subtomentosus* L.

褐疣柄牛肝菌 *Leccinum scabrum*（Bull.）Gray.

变色疣柄牛肝菌 *L. variicolor* Watling.

混淆松塔牛肝菌 *Strobilomyces confusus*

硬皮马勃科 Sclerodermataceae

网状硬皮马勃 *Scleroderma areolatum* Ehrenb.

乳牛肝菌科 Suillaceae

紫红乳牛肝菌 *Suillus asiaticus*（Singer）Kretzer& T. D. Bruns.

空柄乳牛肝菌 *S. cavipes*（Opat.）A. H. Sm. & Thiers.

点柄粘盖牛杆菌 *S. granulatus*（L.）Roussel.

厚环粘盖牛肝菌 *S. grevillei*（Klotzsch）Singer.

黄浮牛肝菌 *S. luteus*（L.）Roussel.

虎皮乳牛肝菌 *S. pictus*（Peck）A. H. Sm. & Thiers.

黄白乳牛肝菌 *S. placidus*（Bonord.）Singer.

亚金黄乳牛肝菌 *S. subaureus*（Peck）Snell.

鸡油菌目 Cantharellales

鸡油菌科 Cantharellaceae

灰黑喇叭菌 *Craterellus cornucopioides*（L.）Pers.

齿菌科 Hydnaceae

齿菌 *Hydnum repandum* L.

锁瑚菌科 Clavulinaceae

藻瑚菌 *Multiclavula mucida*（Pers.）R. H. Petersen.

地星目 Geastrales

地星科 Geastraceae

尖顶地星 *Geastrum triplex*（Jungh.）Flsch.

粘褶菌目 Gloeophyllales

粘褶菌科 Gloeophyllaceae

香粘褶菌 *Gloeophyllum odoratum*（Wulfen）Imazeki.

钉菇目 Gomphales

棒瑚菌科 Clavariadelphaceae

棒瑚菌 *Clavariadelphus pistillaris*

珊瑚菌科 Clavariaceae

梭形黄拟锁瑚菌 *Clavulinopsis f usiformis*（Sowerby）Corner.

钉菇科 Gomphaceae

冷杉枝瑚菌 *Ramaria abietina*（Pers.）Qul.

尖顶枝瑚菌 *R. apiculata*（Fr.）Donk.

小孢密枝瑚菌 *R. bourdotiana* Maire.

密枝瑚菌 *R. stricta*（Pers.）Qul.

锈革孔菌目 Hymenochaetales

锈革孔菌科 Hymenochaetaceae

白膏小薄孔菌 *Antrodiella gypsea*（Yasuda）T. Hatt. & Ryvarden.

肉桂集毛孔菌 *Coltricia cinnamomea*（Jacq.）Murrill.

斑嗜兰孢孔菌 *Fomitiporia punctata*（Fr.）Murrill.

红刺革菌 *Hymenochaete mougeotii*（Fr.）Cooke.

绒毛昂尼孔菌 *Onnia tomentosa*（Fr.）P. Karst.

火木层孔菌 *Phellinus igniarius*（L.）Qul.

落叶松木层孔菌 *P. laricis*（Jaczewski inPilt）Pilt.

松木层孔菌 *P. pini*（Brot.）Bondartsev& Singer.

多孔菌目 Polyporales

拟层孔菌科 Fomitopsidaceae

鲜黄拟变孔菌 *Anomoloma flavissimum*（Niemel！）Niemel！ & Larss.

黄薄孔菌 *Antrodia xantha*（Fr.）Ryvarden.

红缘拟层孔菌 *Fomitopsis pinicola*（Sw.）P. Karst.

芳香皱皮菌 *Ischnoderma benzoinum*（Wahlenb.）P. Karst.

硫磺绚孔菌 *Laetiporus sulphureus*（Bull.）Murrill.

骨干酪孔菌 *Osteina obducta*（Berk.）Donk.

紫杉帕氏孔菌 *Parmastomyces taxi*（Bondartsev）Y. C. Dai & Niemel.

栗褐暗孔菌 *Phaeolus schweinitzii*（Fr.）Pat.

蓝波斯特孔菌 *Postia caesia*（Schrad.）P. Karst.

光亮小红孔菌 *Pycnoporellus fulgens*（Fr.）Donk.

灵芝科 Ganodermataceae

树舌灵芝 *Ganoderma applanatum*（Pers.）Pat.

松杉灵芝 *G. tsugae* Murrill.

多孔菌科 Polyporaceae

一色齿毛菌 *Cerrena unicolor*（Bull.）Murrill.

裂拟迷孔菌 *Daedaleopsis conf ragosa*（Bolton）J. Schrt .

木蹄层孔菌 *Fomes fomentarius*（L.）J. Kickxf .

斗香菇 *Lentinus suavissimus* Fr.

洁丽新香菇 *Neolentinus lepideus*（Fr.）Redhead & Ginns.

微酸多年卧孔菌 *Perenniporia subacida*（Peck）Donk.

奇异多孔菌 *Polyporus admirabilis* Peck.

大孔多孔菌 *P. alveolaris*（DC.）Bondartsev & Singer.

漏斗多孔菌 *P. arcularius*（Batsch）Fr.

鲜红密孔菌 *P. cinnabarinus*（Jacq.）P. Karst.

黑柄多柄菌 *P. badius*（Pers.）A. B. De.

迷宫栓孔菌 *Trametes gibbosa*（Pers.）Fr.

锗栓孔菌 *T. ochracea*（Pers.）Gilb. & Ryvarden.

绒毛栓孔菌 *T. pubescens*（Schumach.）Pilt.

云芝栓孔菌 *T. versicolor*（L.）Lloyd.

冷杉附毛孔菌 *Tichaptum abietinum*（Dicks.）Ryvarden.

二型附毛孔菌 *T. biforme*（Fr.）Ryvarden.

红菇目 Russulales

耳匙菌科 Auriscalpiaceae

囊盖密瑚菌 *Artomyces pyxidatus*（Pers.）Jlich.

耳匙菌 *Auriscalpium vulgare* Gray.

扇形小香菇 *Lentinellus f labelliformis*（Bolton）S. Ito.

猴头科 Hericiaceae

易脆裂齿菌 *Dentipellis f ragilis*（Pers.）Donk.

猴头菌 *Hericium erinaceus*（Bull.）Pers.

红菇科 Russulaceae

粘绿乳菇 *Lactarius blennius*（Fr.）Fr.

黄汁乳菇 *L. chrysorrheus* Fr.